常用中英文简明水利水电工程地质勘察词汇选编

Selected Common Vocabulary for Geological Investigation of Water Conservancy and Hydropower Projects in Chinese and English

黄向春　毛深秋　刘芙荣　胡剑峰　秦玉龙　**编译**

图书在版编目(CIP)数据

常用中英文简明水利水电工程地质勘察词汇选编 / 黄向春等编译. -- 天津 : 天津大学出版社, 2023.9
ISBN 978-7-5618-7594-0

Ⅰ. ①常… Ⅱ. ①黄… Ⅲ. ①水利水电工程－水文地质勘探－词汇－汉、英 Ⅳ. ①P641.72-61

中国国家版本馆CIP数据核字(2023)第174405号

CHANGYONG ZHONG-YINGWEN JIANMING SHUILI SHUIDIAN GONGCHENG DIZHI KANCHA CIHUI XUANBIAN

出版发行	天津大学出版社
地　　址	天津市卫津路92号天津大学内（邮编:300072）
电　　话	发行部:022-27403647
网　　址	www.tjupress.com.cn
印　　刷	运河（唐山）印务有限公司
经　　销	全国各地新华书店
开　　本	710mm×1010mm　1/16
印　　张	16.5
字　　数	383千
版　　次	2023年9月第1版
印　　次	2023年9月第1次
定　　价	58.00元

前　　言

工程地质是一个专业性较强的领域，而水利水电工程地质的专业性更强，因其应用率较低，故公众关注度不高。因此，有关水利水电工程地质勘察的纸质词典、电子词典和APP（应用软件）等较少，而现有纸质词典和电子词典均存在一些缺陷和不足，如有些词典中词汇的英文译文不准确，有些词典收录的工程地质勘察词汇有限、内容单一，地质和钻探内容较多，而物探、测量、测试、工程地震、岩土试验、遥感地质、地质灾害等内容较少，具有一定的局限性。此外，有些分类较乱，与专业思维和思路不完全一致。纵观现有各类有关水利水电工程地质勘察的中英文词典，词语均按英文字母顺序编排，这使得查询一些专业词语的英文译文较为不便，特别是查找生僻词语，尤为困难。随着水利水电工程地质勘察国际市场的发展，对从业人员的需求量增大，特别是对高水平技术人员，尤其是掌握专业英语的高水平技术人员的需求量很大。

翻译方法常分为直译和意译两种。中文和英文属于两个不同的语系，且均具有自身的特点，因而翻译时需遵循约定俗成的习惯，并符合常规。此外，有些词汇的译文不具有唯一性，可能有多种译法。目前，各种工具书中，一些工程地质勘察词汇的翻译不一致、不准确，甚至有些译文差别较大。

在水利水电工程地质勘察领域，适合工程地质专业人员使用的工具书较少。因此，本书按照工程地质勘察思维和思路编排，每部分内容先按照常规地质分类法编排，再按照词语首个汉字汉语拼音顺序排列，使利用中文查询英文的过程高效、快捷、准确。此外，对于常用的专业词汇，我们力求译文用词、用语尽可能规范，选用常用的、为人所熟知的专业词语，并且结合我们自己的理解、认识和工作体会，对部分内容进行了注解，还补充了一些欧美规范常用词语。

过去多年，我们曾参与了多项国际水利水电项目的咨询服务和工程地质勘察、技术资料的翻译以及投标工作，项目遍布亚洲、非洲、欧洲、大洋洲、美洲等，语种涉及英语、西班牙语等。在此期间，我们将日常翻译工作的体会和认识都记录和保存下来，逐步积累。时隔多年，再翻阅这些翻译工作日记，就萌发了把这些日常翻译笔记整理出来供同人参阅的想法，也感觉这件事很有意义，值得付出。因此，同事们相约，积极行动，集大家之力编译此书。

全书正文共20章，另有附录共7部分。本书第1~5章和附录B、F、G以及参考文献由黄向春编译和整编；第7、10、13、16、18章和附录D由刘芙荣编译；第8、11、14、17、19章和附录E由胡剑峰编译；第6、9、12、15、20章和附录A、C由毛深秋、秦玉龙编译；黄向春、毛深秋负责审核，刘芙荣负责统稿。

在本书编译期间，聘请全国工程勘察设计大师高玉生、中水北方勘测设计研究有限责任公司副总工陈绍松、中水北方勘测设计研究有限责任公司副总工杨海燕作为特邀专家进行指导，在此表示感谢。此外，本书编译期间还得到了中水北方勘测设计研究有限责任公司各部门的大力支持，在此一并致谢！

大家辛勤工作，历时三年，终于如愿成书，今奉献给读者。

我们编译本书的主要意图是为国内水利水电工程地质勘察工作的英语翻译人员提供一些中英文专业翻译方面的帮助，规范用词用语，提高翻译质量。此外，由于受水平和翻译经验所限，可能有些词语的中文解释不够准确和专业或存在一些错误，欢迎广大读者批评指正，今后将适时进行修编。

编译组

2023年6月

目　录

第 1 章　地层和地质年代
(strata and geological time)

地层(strata)是岩土层的总称,是一层或一组具有某种统一的特征和属性,并和上下部岩土层有明显差别的岩土体。

地质年代(geological time)是地壳上不同时期的岩石和地层在形成过程中的时间和顺序。

1.1　地层单位和地质年代单位(stratigraphic unit and geological time unit)

地层单位(stratigraphic unit)是根据岩性与岩相划分的岩土地层单位,根据化石划分的生物地层单位和根据地质年代划分的时间地层单位等的统称。在国际上,常用的地层单位划分为宇、界、系、统、阶、带、群、组、段(小层)等。

地质年代单位(geological time unit),又称地质时间单位,是描述地质年代的时间单位。在国际上,常用的地质年代单位划分为宙、代、纪、世、期、时等。

地层单位 stratigraphic unit	地质年代单位 geological time unit
宇 Eonothem	宙 Eon
界 Erathem	代 Era
系 System	纪 Period
统 Series	世 Epoch
阶 Stage	期 Age

带 Chronozone 时 Chron
群 Group
组 Formation
段（小层）Member

1.2 地质年代和地层单位划分（geological time and stratigraphic unit classification）

地质年代划分（geological time classification）即依据地层自然形成的先后顺序划分为4宙4代12纪。

地层单位划分（stratigraphic unit classification）即地壳上不同时期的岩石和地层依据地质年代划分为4宇14界12系。

1.2.1 显生宙（宇）（Phanerozoic Eon（Eonothem））

显生宙（Phanerozoic Eon）是指"看得见生物的年代"，是开始出现大量较高等动物以来的阶段，包括新生代、中生代和古生代。而同期形成的地层称为显生宇（Phanerozoic Eonothem），包括新生界、中生界和古生界。

1. 新生代（界）（Cenozoic Era（Erathem），K_z）

新生代（Cenozoic Era）是地球历史上最新的一个地质年代，距今6 500万年。

新生界（Cenozoic Erathem）是指新生代时期形成的地层，包括古近系、新近系和第四系。

1）第四纪（系）（Quaternary Period（System），Q）
全新世（统）Holocene Epoch（Series）
更新世（统）Pleistocene Epoch（Series）
上更新世（统）Upper Pleistocene Epoch（Series）
中更新世（统）Middle Pleistocene Epoch（Series）
下更新世（统）Lower Pleistocene Epoch（Series）
2）新近纪（系）（Neogene Period（System），N）
上新世（统）Pliocene Epoch（Series）
中新世（统）Miocene Epoch（Series）

3）古近纪（系）（Eogene（Paleogene）Period（System），E）

渐新世（统）Oligocene Epoch（Series）

始新世（统）Eocene Epoch（Series）

古新世（统）Paleocene Epoch（Series）

2. 中生代（界）（Mesozoic Era（Erathem），M_z）

中生代（Mesozoic Era）是显生宙的三个地质年代之一，距今 2.52 亿年至 6 600 万年，包括三叠纪、侏罗纪、白垩纪。

中生界（Mesozoic Erathem）是指中生代时期所形成的地层，包括三叠系、侏罗系、白垩系。

三叠纪（系）Triassic Period（System）

侏罗纪（系）Jurassic Period（System）

白垩纪（系）Cretaceous Period（System）

3. 古生代（界）（Paleozoic Era（Erathem），P_z）

古生代（Paleozoic Era）是显生宙的第一地质年代，距今 5.7 亿年至 2.52 亿年，包括寒武纪、奥陶纪、志留纪、泥盆纪、石炭纪、二叠纪。寒武纪、奥陶纪、志留纪合称为早古生代，而泥盆纪、石炭纪、二叠纪合称为晚古生代。

古生界（Paleozoic Erathem）是指古生代时期形成的地层，包括寒武系、奥陶系、志留系、泥盆系、石炭系、二叠系。古生界可分为下古生界和上古生界，其中下古生界包括寒武系、奥陶系、志留系，上古生界包括泥盆系、石炭系、二叠系。

寒武纪（系）Cambrian Period（System）

奥陶纪（系）Ordovician Period（System）

志留纪（系）Silurian Period（System）

泥盆纪（系）Devonian Period（System）

石炭纪（系）Carboniferous Period（System）

二叠纪（系）Permian Period（System）

1.2.2　隐生宙（宇）（Cryptozoic Eon（Eonothem））

隐生宙（Cryptozoic Eon）是指生物化石稀少和不存在的寒武纪以前的地史阶段，包括冥古宙、太古宙和元古宙。而同期形成的地层称为隐生宇（Cryptozoic Eonothem），包括冥古宇、太古宇和元古宇。

1. 元古宙（宇）（Proterozoic Eon（Eonothem））

元古宙（Proterozoic Eon）是指一个古老的地史时期，距今 25 亿年至 6 亿年。

元古宇（Proterozoic Eonothem）是指元古宙时期形成的地层。

震旦纪(Sinian Period)是元古宙晚期的一个时期,属于晚元古代的晚期,这一时期形成的地层称为震旦系(Sinian System)。

元古代(Proterozoic Era)是地质年代的第二古老时期,距今 25 亿年至 5.7 亿年,属于隐生宙,可分为早元古代、中元古代、晚元古代。

元古界(Proterozoic Erathem)是指元古代时期形成的地层,可分为下元古界、中元古界、上元古界。

早元古代(下元古界) Lower Proterozoic Era(Erathem)(Pt_1)

中元古代(中元古界) Middle Proterozoic Era(Erathem)(Pt_2)

晚元古代(上元古界) Upper Proterozoic Era(Erathem)(Pt_3)

2. 太古宙(宇)(Archean Eon(Eonothem))

太古宙(Archaeozoic Eon)是指一个古老的地史时期,距今约 25 亿年。

太古宇(Archaeozoic Eonothem)是指太古宙时期形成的地层。

太古代(Archaeozoic Era)是地质发展史中最古老的时期,距今 38 亿年至 25 亿年。

太古界(Archaeozoic Erathem)是指太古代时期形成的地层。

3. 冥古宙(宇)(Hadean Eon(Eonothem))

冥古宙(Hadean Eon)是指一个古老的地史时期,距今 46 亿年至 38 亿年,一般认为此时生命物质尚未形成。

冥古宇(Hadean Eonothem)是指冥古宙时期形成的地层。

第 2 章　地形地貌(topographic features)

地形地貌(topographic features)是指地势高低起伏的变化,即地表的形态。

2.1　地貌类型(morphological type)

地貌类型(morphological type)是地貌形态类型的简称。

地貌 geomorphology/landform/physical contours/the general configuration of the earth surface/morphology

地貌单元 landform unit

地形 topography

海底地貌 seabed geomorphology

陆地地貌 land geomorphology

2.1.1　规模分类(size type)

规模分类(size type)是按照规模划分类别。

大地貌 macrogeomorphology

微地貌 microgeomorphology

小地貌 small geomorphology

中地貌 middle geomorphology/medium geomorphology

2.1.2　成因类型(origin type)

成因类型(origin type)是按照成因划分类别。

冰川地貌 glacial geomorphology

剥蚀地貌 denudational geomorphology

丹霞地貌 Danxia landform

堆积地貌 constructional geomorphology/accumulation geomorphology

风积地貌 aeolian geomorphology

风蚀地貌 deflation geomorphology

构造地貌 structural geomorphology
海洋地貌 marine geomorphology
河流地貌 fluvial geomorphology
黄土地貌 loess geomorphology
湖泊地貌 lake geomorphology
火山地貌 volcanic geomorphology
人工地貌 artificial landform
岩溶地貌 karst geomorphology
雅丹地貌 Yardang landform
夷平面 planation surface

2.2 河流地形地貌（river topography）

河流地形地貌（river topography/fluvial landform）是指河流作用于地球表面所形成的各种冲积堆积、侵蚀形态的总称。

2.2.1 侵蚀地形地貌（erosional topography）

侵蚀地形地貌（erosional topography）是指由侵蚀作用塑造形成的地形地貌。

残丘 inselberg
低山 low-relief terrain
高地 highland/upland/eminence
高原 plateau
高山 high mountain/alp
盆地 basin
丘陵 hill
山地 mountain
小丘、孤山 butte
中山 middle mountain
沼泽 swamp/marsh

2.2.2 冲积堆积地形地貌（alluvial accumulation topography/constructional geomorphology）

冲积堆积地形地貌（alluvial accumulation topography/constructional geomorphology）是指外动力地质作用形成的地形地貌。

冲沟 gully
冲积扇 alluvial fan
跌水 drop/ free overfall/head fall
干枯河床 nullah
谷底 valley bottom
古河道 ancient river course
河谷 river valley
河床 riverbed
河漫滩 floodplain
洪积扇 diluvial fan/proluvial fan/pluvial fan
急弯 abrupt bend/sharp bend
牛轭湖 ox-bow lake

坡积裙 talus apron
平原 plain
三角洲 delta
滩(滨)外坡 off-shore slope
斜坡地形 clinoform
斜坡 slope/talus
垭口 col/saddle
堰塞湖 barrier lake/dammed lake
幽谷 deep and secluded valley
准平原 peneplain
最深谷底线、海谷深泓线 thalweg

峡谷 canyon/gorge/arroyo/coombe
横向谷 transverse valley
斜向谷 insequent valley
纵向谷 longitudinal valley

单斜谷 monoclinal valley/homoclinal valley
背斜谷 anticlinal valley
向斜谷 synclinal valley

阶地 terrace
堆积阶地 constructional terrace
基座阶地 bedrock seated terrace
侵蚀阶地 erosional terrace
侵蚀基准面 base level of erosion

2.3　黄土地形地貌(loess topography)

黄土地形地貌(loess topography)是指发育在黄土层中的地形地貌。

黄土塬 loess plateau
黄土梁 loess beam/loess ridge
黄土峁 loess hill
黄土沟 loess valley
黄土碟 loess dish
黄土陷穴 loess collapse
黄土柱 loess column
黄土干沟 loess wadi/loess dead valley
黄土坪 loess plateau
黄土桥 loess bridge

2.4　岩溶地形地貌(karst topography)

岩溶地形地貌(karst topography)是指地下水和地表水对可溶性岩石的溶蚀与沉淀、侵蚀与堆积等作用所形成的地形地貌。

2.4.1 常规类别(unified type)

常规类别(unified type)是指采用常规和普遍适用的方法分类的类别。

覆盖型 covered/overlapped
裸露型 bare/uncovered/exposed
埋藏型 buried/embedded
堆积型 accumulated/cumulate
侵蚀型 eroded/corroded/erosion/corrosive

2.4.2 形态(shape)

形态(shape)是指常规的岩溶地貌形态。

地表岩溶 surface karst

断头河 reculee river/beheaded river
峰林 peak forest/tower karst
峰丛 peak cluster/cockpit karst
孤峰 isolated peak
干谷 ouvala/uvala/dry valley
落水洞 sink hole/dolina/doline/aven/shake hole/ponor/shackhole/pothole
漏斗 funnel/hopper/doline
盲谷 blind valley

溶痕 karst trace/karren
溶面 clint
溶斗 solutional doline
溶孔 solution hole/dissolution pore
溶沟 solution groove/solution trough
溶槽 solution tank/solution channel
溶柱 karst pillar/karst column
溶洞 solution cave/karst opening
溶谷 solution valley
溶隙 grike
溶穴 solution cavity
石芽 stone bud/clints
岩溶嶂谷 collapse karst gorge
岩溶垄岗 karst ridge
岩溶丘陵 karst hill
岩溶平原 karst plain
岩溶夷平面 karst planation surface
岩溶高原 karst plateau
岩溶洼地 karst depression
岩溶湖 karst lake
岩溶盆地 karst basin/dissolution basin

2.5 风成地形地貌(aeolian topography)

风成地形地貌(aeolian topography)是指在风对地面吹蚀、搬运和堆积的过程中所形成的各种地形地貌。

残丘 monadnock/unaka
龙槽 dragon trough
蘑菇石 mushroom stone
沙垄 sand ridge/longitudinal dune
沙丘 sand dune/sand-drift
新月形沙丘 crescent dune
沙漠 desert/koum/areg
石漠 rock desert/stony desert
泥漠 mud desert/argillaceous desert

2.6 海成地形地貌(marine topography)

海成地形地貌(marine topography)是指沿海岸线海水侵蚀和堆积形成的地形地貌。

2.6.1 侵蚀地形地貌(erosional topography)

侵蚀地形地貌(erosional topography)是指沿海岸线海水冲蚀形成的地形地貌。
海蚀地形地貌 marine erosion topography
海积地形地貌 marine accumulation topography
海蚀龛 notch
海蚀崖 sea cliff/marine cliff
海蚀穴 sea cave/marine erosion cave/ wave-cut notch
海蚀窗 marine erosion window
海蚀拱桥 marine erosion arc bridge
海蚀柱 marine erosion pillar
海蚀平台 marine erosion platform

2.6.2 堆积地形地貌(accumulation topography)

堆积地形地貌(accumulation topography)是指沿海岸线海水堆积形成的地形地貌。
砂嘴 sand mouth/sand spit

海岸 seaboard/seabeach/seashore/seacoast
海滩 coastal beach/ beach/ seabeach plage

潟湖 lagoon
崖麓 foot of cliff

2.7 冰川地形地貌(glacial topography)

冰川地形地貌(glacial topography)是指冰川作用形成的地形地貌。

冰斗 cirque
冰蚀洼地 glacial depression
冰碛丘陵 glacial hill
冰碛平原 glacial plain
冰川谷 glacial valley
冰川溢口 glacial overflow
冰砾扇 glacial gravel fan
冰水扇 glacial fan

第 3 章　岩性(lithological character)

岩性(lithological character)是指反映岩土特征的一些属性的总称,包括名称、颜色、成分、结构等。

3.1　覆盖层(overburden)

覆盖层(overburden)是指覆盖在基岩之上的各种成因的松散堆积物、沉积物。

覆盖层 overburden/overlayer/cover/mantle

淋滤层 leached layer

巨粒类土 oversized coarse-grained soil/megagranular soil/giant grained soil

粗粒类土 coarse-grained soil

细粒类土 fine-grained soil

3.1.1　巨粒类土(oversized coarse-grained soil)

巨粒类土(oversized coarse-grained soil)是指试样中巨粒组颗粒含量大于 15%的土,其可划分为巨粒土、混合巨粒土、巨粒混合土。

巨粒土(oversized coarse-grained soil)包括漂石、块石、卵石和碎石;混合巨粒土(mixed oversized coarse-grained soil)包括混合土漂石(块石)和混合土卵石(碎石);巨粒混合石(oversized coarse-grained composite soil)包括漂石(块石)混合土和卵石(碎石)混合土。

巨砾、漂石 boulder(B)

大砾、卵石 cobble(Cb)

孤石 isolated stone

块石 stone block

碎石 rock fragments/debris/gallet/crushed stone/broken stone/macadam/spall/stone ballast

毛石、块石、粗石 rubble

碎屑 detritus/crumb/dross/fragment/clastics/lithic

碎石夹黏土 rock fragments with clay

混合土漂石（块石）（BS1）boulder（block）with composite soil

混合土卵石（碎石）（CbS1）cobbles（debris）with composite soil

漂石（块石）混合土（S1B）composite soil with boulder（block）

卵石（碎石）混合土（S1Cb）composite soil with cobbles（debris）

混合土（S1）mixed soil/composite soil/combined soil/blended soil/heterogeneous soil

混合巨粒土 mixed macro-grain soil

巨粒混合土 macro-grain composite soil

粗粒混合土 composite soil with many coarse material

细粒混合土 composite soil with much fine material

3.1.2　粗粒类土（coarse-grained soil）

粗粒类土（coarse-grained soil）是指试样中粗粒组颗粒含量大于50%的土，其可划分为砾类土（gravelly soil）和砂类土（sandy soil）。

砾石 gravel

中砾 pebble

砂砾石 sand gravel

粗砾 coarse gravel

细砾（2~5 mm）granule

砂土 sand soil

粗砂 coarse sand/torpedo sand/xalsonte

中砂 medium sand

细砂 fine sand

砾砂 gravelly sand

粗粉砂 coarse silt

粉砂（土）silty sand

级配良好砾（GW）well graded gravel

级配不良砾（GP）poorly graded gravel

含细粒土砾（GF）gravel with fine-grained soil

细粒土质砾 grained soil gravel

粉土质砾（GM）silty gravel

黏土质砾（GC）clayey gravel

级配良好砂（SW）well graded sand
级配不良砂（SP）poorly graded sand
含细粒土砂（SF）sand with fine-grained soil
细粒土质砂 grained soil sand
黏土质砂（SC）clayey sand
粉土质砂（SM）silty sand

砾质黏土 gravelly clay
砾质土 gravelly soil/gravelly ground
粗砾质土 cobbley soil

【注】

依据《岩土工程勘察规范（2009 年版）》（GB 50021–2001），由细粒土和粗粒土混杂且缺乏中间粒径的土为混合土。当碎石土中粒径小于 0.075 mm 的细粒土质量超过总质量的 25%时，应定名为粗粒混合土。当粉土或黏性土中粒径大于 2 mm 的粗粒土质量超过总质量的 25%时，应定名为细粒混合土。

依据《Code of Practice for Site Investigations》（BS 5930:1999），如细颗粒含量小于 5%，描述术语可选用“a little”；如细颗粒含量为 5%~20%，可选用“some”；如细颗粒含量为 20%~50%，可选用“much”；如漂石或卵石含量小于 5%，可选用“occasional”；如漂石或卵石含量为 5%~20%，可选用“some”；如漂石或卵石含量为 20%~50%，可选用“many”。当描述含量少的成分时，也可选用“rare”“occasional”“frequent”等。

依据《土的工程分类标准》（GB/T 50145–2007），各粗粒粒径如下。

漂石（块石）boulders（block）　$d>200$ mm
卵石（碎石）cobbles（debris）　60 mm$<d\leqslant$200 mm
粗砾 coarse gravel　20 mm$<d\leqslant$60 mm
中砾 medium gravel　5 mm$<d\leqslant$20 mm
细砾 fine gravel　2 mm$<d\leqslant$5 mm
粗砂 coarse sand　0.5 mm$<d\leqslant$2 mm
中砂 medium sand　0.25 mm$<d\leqslant$0.5 mm
细砂 fine sand　0.075 mm$<d\leqslant$0.25 mm

依据《Code of Practice for Site Investigations》（BS 5930:1999），各粗粒粒径如下。

漂石 boulders　*d*>200 mm

卵石 cobbles　60 mm<*d*≤200 mm

粗砾 coarse gravel　20 mm<*d*≤60 mm

中砾 medium gravel　6 mm<*d*≤20 mm

细砾 fine gravel　2 mm<*d*≤6 mm

粗砂 coarse sand　0.6 mm<*d*≤2 mm

中砂 medium sand　0.2 mm<*d*≤0.6 mm

细砂 fine sand　0.06 mm<*d*≤0.2 mm

据《Standard Practice for Classification of Soils for Engineering Purpose(Unified Soil Classification System)》(ASTM D 2487-2011)和美国内政部垦务局《Engineering Geology Field Manual》(volume II),各粗粒粒径如下。

漂石 boulders　*d*>300 mm

卵石 cobbles　75 mm<*d*≤300 mm

粗砾 coarse gravel　19 mm<*d*≤75 mm

细砾 fine gravel　4.75 mm<*d*≤19 mm

粗砂 coarse sand　2.00 mm<*d*≤4.75 mm

中砂 medium sand　0.425 mm<*d*≤2.00 mm

细砂 fine sand　0.075 mm<*d*≤0.425 mm

3.1.3 细粒类土(fine-grained soil)

细粒类土(fine-grained soil)是指试样中细粒组颗粒含量不小于 50%的土,其可分为细粒土(fine-grained soil)、含粗粒细粒土(fine-grained soil with coarse-grained)、有机土(organic soil)。

细粒土是指试样中粗粒组(粒径大于 0.075 mm)颗粒含量不大于 50%的土,包括黏土和粉土。

塑性图 plasticity chart

黏土(C) clay

高液限黏土(CH) high liquid limit clay

低液限黏土(CL) low liquid limit clay

粉质黏土 silty clay

固结黏土 indurate clay

黏土夹碎石 clay with rock fragments

低塑性黏土 lean clay
可塑性黏土 fat clay

含砾高液限黏土（CHG）high liquid limit clay with gravel
有机质高液限黏土（CHO）high liquid limit clay with organic
含砂高液限黏土（CHS）high liquid limit clay with sand
含砾低液限黏土（CLG）low liquid limit clay with gravel
有机质低液限黏土（CLO）low liquid limit clay with organic
含砂低液限黏土（CLS）low liquid limit clay with sand

粉土（M，瑞典术语）majäla/silt
高液限粉土（MH）high liquid limit silt
低液限粉土（ML）low liquid limit silt
黏质粉土 clayey silt
砂质粉土 sandy silt

含砾高液限粉土（MHG）high liquid limit silt with gravel
有机质高液限粉土（MHO）high liquid limit silt with organic
含砂高液限粉土（MHS）high liquid limit silt with sand
含砾低液限粉土（MLG）low liquid limit silt with gravel
有机质低液限粉土（MLO）low liquid limit silt with organic
含砂低液限粉土（MLS）low liquid limit silt with sand

壤土（亚黏土）loam/subclay
粉质壤土 silty loam
砂质壤土（亚砂土）sandy loam
轻壤土（轻亚黏土）light loam
中壤土 medium loam
重壤土 heavy loam

砂壤土 sandy loam
黏质砂壤土 clayey sandy loam
轻砂壤土 light sandy loam
中砂壤土 medium sandy loam
重砂壤土 heavy sandy loam
粗砂壤土 coarse sandy loam

【注】

依据《土的工程分类标准》（GB/T 50145-2007），各细粒粒径如下。

粉粒 silt　　0.005 mm<d≤0.075 mm

黏粒 clay　　d≤0.005 mm

依据《Code of Practice for Site Investigations》(BS 5930:1999),各细粒粒径如下。

粗粉粒 coarse silt　　0.02 mm<d≤0.06 mm

中粉粒 medium silt　　0.006 mm<d≤0.02 mm

细粉粒 fine silt　　0.002 mm<d≤0.006 mm

黏粒 clay　　d≤0.002 mm

依据《Standard Practice for Classification of Soils for Engineering Purpose(Unified Soil Classification System)》(ASTM D 2487-2011),各细粒粒径如下。

粉粒 silt　　d≤0.075 mm　PI<4 或 PI<A 线

黏粒 clay　　d≤0.075 mm　PI≥4 或 PI≥A 线

依据《Standard Practice for Description and Identification of Soils(Visual-Manual Procedure)》(ASTM D 2488-2017),不同含量描述术语如下。

微量、极少 trace　　估计含量小于 5%

较少量 few　　估计含量为 5%~10%

少量 little　　估计含量为 15%~25%

一些 some　　估计含量为 30%~45%

大量 mostly　　估计含量为 50%~100%

3.1.4 特殊性土(special soil)

特殊性土(special soil)是指具有特殊成分、结构、构造和物理力学性质的土,包括淤泥、黄土、红土、膨胀土、人工填土、冻土等。

淤泥 mire/sludge/muck/mud/silt

淤泥质土 sludgy soil/silty soil/miry soil/mucky soil/muddy soil

黄土 loess

黄土类土 loessal soil

黄土状土 loess-like soil

湿陷性黄土 collapse loess

自重湿陷性黄土 self-weight collapse loess
非自重湿陷性黄土 non-self-weight collapse loess

红土 laterite

膨胀土 swelling(expansive) soil
膨润土 bentonite
胀缩土 swell-shrinking soil

填土 fill/earth fill
冲填土 hydraulic fill/dredger fill
人工填土 artificial fill/man-made soil/ made ground/fill/synthetic ground(s)/artificial accumulation/ man-made materials
素填土 plain fill
杂填土 miscellaneous soil/rubbish fill

冻土 frozen soil
季节性冻土 seasonally frozen soil
多年冻土 permafrost/perennially frozen soil

分散性土 dispersive soil
软土 soft soil
泥炭类土 peat soil
盐浸土 saline soil

胶体 colloform
泥炭 peat

冰碛土 till/moraine soil/drift soil
耕植土 cultivated soil
腐殖质 humus
泥沙 silt

有机土 organic soil
有机黏土 organic clay
有机粉土 organic silt

3.2 沉积岩(sedimentary rock)

沉积岩(sedimentary rock)是指在地表和地表下不太深的地方,经搬运、沉积和成岩等作用而形成的岩石。

3.2.1 碎屑岩(clastic rock/clasolite)

碎屑岩(clastic rock/clasolite)是指主要由母岩机械破碎的碎屑物质组成的岩石,按照颗粒的大小可划分为粗碎屑岩(coarse clastic rock)、中碎屑岩(medium clastic rock)、细碎屑岩(fine clastic rock);按照岩性可划分为砾岩(conglomerate)、角砾岩(breccia)、砂岩(sandstone)、粉砂岩(siltstone)等。

粗碎屑岩 coarse clastic rock

层间砾岩 interlayer conglomerate
底砾岩 basal conglomerate
巨砾岩 very big conglomerate
砾石角砾岩 gravel breccia
卵石角砾岩 cobble breccia
岩块砾岩 rock conglomerate

中碎屑岩 medium clastic rock

巨粒砂岩 very coarse grain sandstone
粗粒砂岩 coarse grain sandstone
中粒砂岩 medium grain sandstone
细粒砂岩 fine grain sandstone
微粒砂岩 micrograin sandstone

细碎屑岩 fine clastic rock

白云质粉砂岩 dolomitic siltstone
粗粉砂岩 coarse siltstone
钙质粉砂岩 calcareous siltstone
黏土质粉砂岩 clayey siltstone
铁质粉砂岩 ferric siltstone
细粉砂岩 fine siltstone

粗砾砾岩 cobble conglomerate
砾岩 conglomerate
角砾岩 breccia
砂砾岩 sand conglomerate

粗砂岩 grit
砂岩 sandstone
粉砂岩 siltstone
细砂岩 fine sandstone

长石砂岩 feldspar sandstone/arkose
长石杂砂岩 feldspar greywacke
石英砂岩 silicarenite/quartz sandstone
石英岩屑砂岩 quartz lithic sandstone
石英长石砂岩 quartz feldspar sandstone
石英杂砂岩 quartz greywacke
石英岩屑杂砂岩 quartz lithic greywacke
石英长石杂砂岩 quartz feldspar lithic greywacke

细屑岩 lutite
岩屑砂岩 lithic sandstone
岩屑杂砂岩 lithic greywacke
岩屑长石砂岩 lithic feldspar sandstone
岩屑长石杂砂岩 lithic feldspar greywacke

3.2.2　黏土岩(clay rock/claystone)

黏土岩(clay rock/claystone)是指主要由母岩机械破碎和化学分解的黏土矿物组成的岩石,也称为泥质岩。

高岭石黏土岩 kaolinite claystone
水云母黏土岩 hydromica claystone
蒙脱石黏土岩 montmorillonite claystone

粉砂质黏土岩 silty claystone
含粉砂质黏土岩 claystone with silt
含砂质黏土岩 claystone with sand
泥质黏土岩 argillaceous claystone
砂质黏土岩 sandy claystone

黏土岩 claystone(弱固结,weak consolidated)
泥岩 mudstone(强固结,highly consolidated)
页岩 shale(强固结、有层理,highly consolidated with lamination)
泥质岩 argillite(pelite)

钙质页岩 calcareous shale
黑色页岩 dark shale
角页岩 hornfels
泥页岩 argillutite shale
硅质页岩 siliceous shale
铝土页岩 bauxitic/bauxite shale
砂页岩 sandy shale
铁质页岩 ferric shale

炭质页岩 carbonaceous shale
油页岩 kerogen shale/kim shale

3.2.3 化学岩及生物化学岩(chemical rock and biological chemical rock)

化学岩及生物化学岩(chemical rock and biological chemical rock)是指由母岩经化学分解所形成的溶解物质,再经过化学作用或生物化学作用沉淀而形成的岩石,按照岩石的成分、成因及化学分异的顺序可分为硅质岩(silicalite/silica rock)、碳酸盐岩(carbonatite/carbonate rock)、铝质岩(aluminous rock)、铁质岩(ferric rock)、锰质岩(manganic rock)、磷质岩(phosphatic rock)、盐岩(salt rock)等。

1. 硅质岩(silicalite/silica rock)

硅质岩(silicalite/silica rock)是指由化学作用、生物化学作用和火山作用所形成的富含 SiO_2(70%~90%)的岩石。

碧玉岩 jasperite/jasper rock/jaspilite
放射虫岩 radiolarite
海绵岩 spongolite
硅藻土 siliceous earth
燧石岩 silexite

2. 碳酸盐岩(carbonatite/carbonate rock)

碳酸盐岩(carbonatite/carbonate rock)是指主要由碳酸盐矿物(方解石、白云石)组成的岩石。

石灰岩 limestone/lime rock
白云岩 dolomite/dolomitite
泥灰岩 marl(marlite)

角砾灰岩 brecciola
鲕状灰岩 oolitic limestone
晶粒石灰岩 crystal grain limestone
结晶石灰岩 crystalline limestone
泥晶灰岩 micrite limestone/micrite
内碎屑灰岩 intraclast limestone
球粒灰岩 spherulite limestone/pellet limestone
碎屑灰岩 calclithite
生物碎屑灰岩 bioclastic limestone
团块灰岩 aggregated limestone
微晶灰岩 microcrystalline limestone
隐藻碳酸盐岩 cryptalgal carbonate rock
藻灰岩 algal limestone
竹叶状灰岩 wormkalk

次生白云岩 secondary dolomite
成岩白云岩 diagenetic dolomite
鲕粒白云岩 oolitic dolomite
泥晶白云岩 micrite dolomite

内碎屑白云岩 intraclast dolomite
生物白云岩 biological dolomite
生物碎屑白云岩 bioclastic dolomite
微晶-细晶白云岩 microcrystalline-fine crystalline dolomite
原生白云岩 primary dolomite
藻白云岩 algal dolomite

盐岩 salt rock（蒸发岩 evaporate）
石膏岩 selenolite
硬石膏岩 anhydrite

钾镁盐岩 potassium magnesium rock
光卤石岩 carnallite
钾盐岩 potassium rock
钾盐镁矾岩 kainitite
杂光卤石岩 carnallitite

生物灰岩 biolithite
生物岩 biolite
生物微晶灰岩 biomicrite

3.3 变质岩（metamorphic rock）

变质岩（metamorphic rock）是指由变质作用形成的新岩石，按照原岩不同可分为正变质岩（orthometamorphic rock/orthometamorphite，原岩为岩浆岩）和副变质岩（parametamorphic rock/parametamorphite，原岩为沉积岩）。

3.3.1 动力变质岩类（dynamo-metamorphic rock）

动力变质岩类（dynamo-metamorphic rock）是指由动力变质作用形成的变质岩，也称为构造岩或碎裂变质岩。

破碎角砾岩 broken breccia
碎裂岩 cataclastite/crack rock
糜棱岩 mylonite
千枚糜棱岩 phyllite mylonite

3.3.2 热接触变质岩类（thermal contact metamorphic rock）

接触变质岩类（contact metamorphic rock）是指由接触变质作用形成的变质岩。热接触变质岩类（thermal contact metamorphic rock）是指围岩由于温度的升高，发生重结晶作用而形成新的岩石，多分布在岩浆体的围岩接触带附近。

长英质岩类 felsic rock
长石石英岩 feldspar quartzite

泥质岩类 argillaceous rock

碳酸盐岩类 carbonate rock

3.3.3 区域变质岩类（regional metamorphic rock）

区域变质岩类（regional metamorphic rock）是指原岩经过区域变质作用所形成的岩石，其分布范围是区域性的，常大面积分布。

板岩 slate

大理岩 marble

角闪岩 hornblende

榴辉岩 eclogite

麻粒岩/变粒岩 granulite

片岩 schist

片麻岩 gneiss

千枚岩 phyllite

石英岩 quartzite

斜长片麻岩 plagiogneiss

斜长角闪岩 plagioclase hornblende

滑石片岩 talc schist

角闪石片岩 hornblende schist

蓝闪石片岩 glaucophane schist

绿片岩 green schist

蛇纹石片岩 serpentine schist

云母片岩 mica schist

3.3.4 混合岩类（migmatite/mixed rock）

混合岩类（migmatite/mixed rock）是指由混合岩化作用所形成的岩石，由基体和脉体两部分组成。基体是指混合岩形成过程中残留的变质岩。脉体是指混合岩形成过程中处于活动状态的新生成的部分，又称活动物质。

角砾状混合岩 breccia migmatite

网状混合岩 reticulated migmatite

条带状混合岩 striped migmatite

眼球状混合岩 augen migmatite

肠状混合岩 intestinal migmatite

阴影混合岩 nebulitic migmatite

雾迷岩/云染岩 nebulite

混合花岗岩 compound granite /composite granite /mixed granite

3.3.5 交代变质岩类（metasomatic metamorphic rock）

交代变质岩类（metasomatic metamorphic rock）是指在气态或液态的溶液影响下由于交代作用使原岩发生变质所形成的岩石。

次生石英岩 secondary quartzite

青磐岩 propylite

蛇纹岩 serpentine rock

矽卡岩 skarn

云英岩 greisen

3.4 岩浆岩(magmatic rock)

岩浆岩(magmatic rock)是指岩浆冷凝固化后形成的岩石。岩浆在地下深处活动冷凝固化后形成的岩石为侵入岩(instrusive rock)。由于火山活动岩浆喷达地表冷凝固化后形成的岩石为火山岩(喷出岩, extrusive rock)。活动介于前述二者之间的环境的岩浆冷凝固化后形成的岩石为浅成岩(次火山岩,subvolcanic rock)。

火成岩 igneous rock
喷出岩 extrusive rock/effusive rock
侵入岩 instrusive rock
火山岩 volcanic rock
浅成岩 hypabyssal rock
深成岩 plutonic rock/plutonite

3.4.1 橄榄岩-苦橄岩类(dunite-picrite type)

橄榄岩-苦橄岩类(dunite-picrite type)是硅酸不饱和的岩石,习惯上称为超基性岩类及碱性超基性岩类(ultrabasic rock & alkali ultrabasic rock)。

依据 SiO_2 含量以及 Na_2O+K_2O 和 CaO 含量进行划分,如 SiO_2 含量为 20%~45%,铁、镁质含量高,以不含石英为特征,则为超基性岩类(ultrabasic rock)。通常把 Na_2O 与 K_2O 含量之和(%)称为全碱含量。1957 年,里特曼(A.Rittmann)提出了组合指数(σ),$\sigma=(Na_2O+K_2O)^2/(SiO_2-43)$,$\sigma$ 数值越大,碱性越强。$\sigma<3.3$,称为钙碱性岩;$\sigma=3.9\sim9$,称为碱性岩;$\sigma>9$,称为过碱性岩。

碱性超基性岩类(alkali ultrabasic rock)是指 SiO_2 含量为 20%~45%,而 Na_2O+K_2O 含量较高的岩浆岩。

纯橄榄岩 net/pure dunite
橄榄岩 dunite/peridotite
橄榄斜方辉岩 olivine plagio pyroxenite
斜辉橄榄岩 plagio augite dunite
辉岩 pyroxenite
斜方辉岩 plagio pyroxenite
二辉岩 websterite
橄榄二辉岩 olivine websterite
二辉橄榄岩 websterite dunite
角闪岩 amphibolite
石榴角闪岩 garnet hornblendite
苦橄玢岩 picrite porphyrite
苦橄岩 picrite
金伯利岩 kimberlite

玻基橄榄岩 glassy peridotite
玻基辉岩 glassy pyroxenite
玻基辉橄岩 glassy pyroxene peridotite/limburgite

3.4.2 辉长岩-玄武岩类(gabbro-basalt type)

辉长岩-玄武岩类(gabbro-basalt type)习惯上称为基性岩类及碱性基性岩类(basic rock & alkali basic rock)。

基性岩类(basic rock)是指岩石在化学成分上，SiO_2 含量为 45%~53.5%，Al_2O_3 和 CaO 含量较高，Na_2O 和 K_2O 含量较少的岩浆岩；而当 Na_2O 和 K_2O 含量较高时，称为碱性基性岩(alkali basic rock)。

橄榄辉绿岩 olivine dolerite
辉绿玢岩 allgovite
辉长岩 gabbro
辉绿岩 dolerite/diabase
辉长玢岩 gabbro porphyrite
苏长岩 norite
石英辉绿岩 quartz diabase
正长辉绿岩 orthoclase diabase

橄榄辉长岩 olivine gabbro
橄榄苏辉长岩 olivine hypersthenic gabbro
角闪辉长岩 hornblende gabbro
石英辉长岩 quartz gabbro
正长辉长岩 syenogabbro

斑点橄长岩 troutstone
橄长岩 troctolite/allivalite/forellenstein
斜长岩 anorthosite/plagioclasite

玄武岩 basalt
粗粒玄武岩 coarse fraction basalt/coarse grained basalt/dolerite
中粒玄武岩 medium grained basalt
细粒玄武岩 fine grained basalt
拉斑玄武岩 tholeiitic basalt/tholeiite
橄榄玄武岩 olivine basalt
玻璃玄武岩 glassy basalt
辉石玄武岩 pyroxene basalt
玄武玻璃 basaltic glass

细碧岩 spilite

3.4.3　闪长岩-安山岩类(diorite-andesite type)

闪长岩-安山岩类(diorite-andesite type)是硅酸饱和或弱过饱和的岩石，习惯上称为中性岩类(intermediate rock/neutral rock)。

中性岩类(intermediate rock/neutral rock)是指岩石在化学成分上，SiO_2 含量为 53.5%~62%，Na_2O+K_2O、Al_2O_3 含量较高的岩浆岩，属于硅酸饱和或弱过饱和的岩石。

安山岩 andesite
橄榄安山岩 olivine andesite
角闪安山岩 hornblende andesite
粗面安山岩 trachyte andesite
辉石安山岩 pyroxene andesite
玄武安山岩 basaltic andesite

辉石闪长岩 pyroxene diorite
角闪闪长岩 hornblende diorite
闪长玢岩 diorite porphyrite
黑云母闪长岩 biotite diorite
闪长岩 diorite
石英闪长岩 quartz diorite

3.4.4　花岗岩-流纹岩和花岗闪长岩-英安岩类(granite-rhyolite & granodiorite-dacite type)

花岗岩-流纹岩和花岗闪长岩-英安岩类(granite-rhyolite & granodiorite-dacite type)是硅酸过饱和的岩石，习惯上称为酸性和中酸性岩类(acidic and intermediate-acidic rock)。

酸性和中酸性岩类(acidic and intermediate-acidic rock)是指岩石在化学成分上，SiO_2 含量大于 62%，Na_2O 和 K_2O 含量较高的岩浆岩，属于硅酸过饱和的岩石。

霏细岩 felsite
花岗岩 granite
花岗闪长斑岩 granodiorite-porphyry
黑曜岩 obsidian
碱性花岗岩 alkali granite
流纹岩 rhyolite/liparite
石英角斑岩 quartz keratophyre
松脂岩 turpentine/pitchstone
文象花岗岩 hebraic granite/schriftgranite/runite/graphic granite
斜长花岗岩 plagiogranite
英安岩 dacite
浮岩 pumice
花岗闪长岩 granodiorite
花岗斑岩 granite-porphyry
辉石花岗岩 granitelle
碱性流纹岩 alkali rhyolite
石英斑岩 quartz porphyry
英闪岩 tonalite
珍珠岩 pearlite

3.4.5 正长岩-粗面岩类（syenite-trachyte type）

正长岩-粗面岩类（syenite-trachyte type）是硅酸饱和的岩石，习惯上称为中性岩类（intermediate rock/neutral rock）。

中性岩类（intermediate rock/neutral rock）是指岩石在化学成分上，SiO_2 含量接近60%，Na_2O+K_2O 含量以及铁镁矿物含量较高的岩浆岩，属于硅酸过饱和的岩石。

粗面岩 trachyte
钙碱性粗面岩 calc alkaline trachyte
碱性正长岩 alkali syenite
角斑岩 keratoporphyry/keratophyre
闪长正长岩 diorite syenite
正长岩 syenite
正长斑岩 syenite porphyry/orthophyre
二长岩 monzonite
辉长正长岩 gabbro syenite
碱性粗面岩 alkaline trachyte
流霞正长岩 foyaite
云霞二长岩 plagimiaskite

3.4.6 霞石正长岩-响岩类（nepheline syenite-phonolite type）

霞石正长岩-响岩类（nepheline syenite-phonolite type）是硅酸不饱和的岩石，习惯上称为碱性岩类（alkalic rock/alkaline rock）。

碱性岩类（alkalic rock/alkaline rock）是指岩石在化学成分上，SiO_2 含量为54%左右，Na_2O 和 K_2O 含量特别高，而 Mg_2O 和 CaO 含量较低的岩浆岩，属于硅酸不饱和的岩石。

白榴岩 leucitite
霞石岩 nephelinite/nephelinolite/nephelinolith

霓石正长岩 aegirine syenite
霞石正长岩 nepheline syenite
流霞正长岩 foyaite
云霞正长岩 miascite

霓霞岩（霓霞脉岩）tinguaite
霞石正长斑岩 nepheline orthophyre
响岩 phonolite
霞石响岩 nepheline phonolite
白榴石响岩 leucite phonolite

3.4.7 脉岩类（dyke rock/dike rock/vein rock）

脉岩类（dyke rock/dike rock/vein rock）在岩浆岩中常呈脉状或岩墙状态充填于

岩体或其他围岩裂隙中，由于其产状多作脉状，故称为脉岩。

玢岩 porphyrite
斑岩 porphyry
煌斑岩 lamprophyre

云母煌斑岩 mica lamprophyre
云煌岩 minette
云斜煌岩 kersantite

闪辉煌斑岩（角闪石和/或透辉石煌斑岩）hornblende-diopside lamprophyre
闪辉正煌岩 garganite
闪斜煌斑岩（角闪石斜长石煌斑岩）hornblend-plagioclase lamprophyre

细晶岩 aplite
花岗细晶岩 granitic aplite/granite aplite
辉长细晶岩 gabbro aplite
闪长细晶岩 diorite aplite/dioritite
伟晶辉石岩 pegmatite pyroxenite
斜长细晶岩 anorthosite aplite/plagioclase aplite

伟晶岩 pegmatite
花岗伟晶岩 granitic pegmatite
辉长伟晶岩 gabbro pegmatite
正长伟晶岩 syenite pegmatite
霞石正长伟晶岩 nepheline syenite pegmatite

3.4.8　火山碎屑岩类（pyroclastic rock/volcaniclastic rock）

火山碎屑岩类（pyroclastic rock/volcaniclastic rock）是指在火山活动期间常会形成火山碎屑物质，其沉落堆积，经固结或熔结等成岩作用而形成的岩石。

玻屑 vitroclastic
晶屑 crystal pyroclast/crystal fragment

沉积火山碎屑岩类 sedimentary pyroclastic rock
火山弹 volcanic bomb
火山砾 lapilli
火山渣 scoria/volcanic cinder
火山灰 volcanic ash/pozzolan/pozzolana/trass
火山尘 volcanic dust
火山熔岩 volcanic lava

火山集块岩 volcanic agglomerate
火山角砾岩 volcanic breccia
凝灰岩 tuff

3.5 矿物(mineral)

矿物(mineral)是指具有一定的化学组成的天然化合物,具有稳定的相界面和结晶习性。

浅色矿 light color mineral
暗色矿物 dark mineral

长英质矿物 felsic mineral
镁铁质矿物 mafic mineral

3.5.1 自然元素矿物(native element minerals/natural element minerals)

自然元素矿物(native element minerals/natural element minerals)是指由一种元素(单质)产出的矿物。

金 gold
金刚石 diamond
硫 sulfur/sulphur
石墨 graphite
铜 copper
银 silver

3.5.2 硫化物矿物(sulphide minerals)

硫化物矿物(sulphide minerals)是指由一系列金属元素与 S、Se、As、Sb、Bi 等化合而成的矿物。

斑铜矿 bornite
车轮矿 bournonite
雌黄 orpiment
磁黄铁矿 pyrrhotine
脆银矿 stephanite
辰砂 cinnabar
毒砂 arsenopyrite
黄铁矿 pyrite
黄铜矿 chalcopyrite
辉铜矿 chalcocite
辉铋矿 bismuthinite
辉银矿 argentite
闪锌矿 sphalerite
雄黄 realgar

3.5.3　卤化物矿物(halide minerals)

卤化物矿物(halide minerals)是指由一系列金属元素与卤族元素(氟、氯、溴、碘等)化合而成的矿物。

石盐 halite
萤石 fluorite

3.5.4　氧化物和氢氧化物矿物(oxide and hydroxide minerals)

氧化物和氢氧化物矿物(oxide and hydroxide minerals)是指由一系列金属阳离子与某些非金属阴离子化合而成的化合物。

板钛矿 brookite
赤铁矿 hematite
赤铜矿 cuprite
磁铁矿 magnetite
蛋白石 opal
刚玉 corundum
铬铁矿 chromite
褐铁矿 limonite
黑钨矿 wolframite
红宝石 ruby
尖晶石 spinel
金红石 rutile
铝土矿 bauxite
蓝铜矿 azurite
玛瑙 agate
石英 quartz
石蜡 paraffin
三水铝石 diaspore/gibbsite
燧石 chert/flint stone/silex
锡石 cassiterite
玉髓 chalcedony
针铁矿 goethite

3.5.5　含氧盐矿物(salt with oxygen/oxysalt minerals)

含氧盐矿物(salt with oxygen/oxysalt minerals)是指由一系列金属阳离子与不同含氧络阴离子组成的盐类化合物。

白榴石 leucite
白钨矿 scheelite
白云石 dolomite
白云母 muscovite
钡长石 celsian
冰长石 adular
胆矾 chalcanthite
电气石 tourmaline
多水高岭石 halloysite
方解石 calcite
方柱石 scapolite
方硼石 boracite
翡翠 jadeite
沸石 zeolite
符山石 vesuvianite/jefreinoffite

钙长石 anorthite
高岭石 kaolinite
硅灰石 wollastonite
硅镁钡石 magbasite
海泡石 sepiolite
辉石 pyroxene/augite
黄玉 topaz
钾长石 potash feldspar/K-feldspar
碱性长石 alkaline feldspar
角闪石 hornblende/hornstone
金云母 phlogopite
孔雀石 malachite
蓝闪石 glaucophane
蓝晶石 cyanite/kyanite/disthene
菱镁矿 magnesite
磷灰石 apatite
绿柱石 beryl
芒硝 mirabillite
蒙脱石 montmorillonite/smectite
明矾石 alunite
霓石 aegirine
软玉 nephrite
闪石 amphibole
蛇纹石 serpentine
石棉 asbest
十字石 xantholite/granatite
水云母 hydromica
透辉石 diopside
顽辉石 enstatite
斜长石 plagioclase/plagioclase
榍石 titanite/sphene
叶蜡石 pyorphyllit
伊利石 illite

橄榄石 olivine
锆石 zircon
硅线石 sillimanite
海绿石 glauconite
黑云母 biotite
红柱石 andalusite
滑石 talc
绢云母 sericite
蓝宝石 sapphire
菱铁矿 siderite
绿泥石 chlorite
绿帘石 epidote
镁橄榄石 forsterite
钠长石 albite
硼砂 bora
闪岩 amphibolite
石榴石 garnet
石膏 gypsum
天青石 celestite
透闪石 tremolite
霞石 nepheline/nephelite
阳起石 actinolite
硬石膏 anhydrite

硬玉 jadeite
正长石 orthoclase
紫苏辉石 hypersthene
蛭石 vermiculite
重晶石 barite

浊沸石 laumontite
柱沸石 epistilbite
中沸石 mesolite
片沸石 heulandite
钙沸石 scolecite
杆沸石 thomsonite
钙十字沸石 phillipsite

第 4 章　地质构造与地震
（geological structure and earthquake）

地质构造（geological structure）是指在地壳运动影响下，地层中产生的倾斜、弯曲、错动、断裂和破碎等变形和位移的形迹。

地震（earthquake）是指由于地球内部运动累积的能量突然释放或地壳中空穴顶板塌陷，使岩体剧烈振动，并以波的形式传播而引起的地面颠簸和摇晃。

4.1　地质构造类型（geological structure type）

地质构造类型（geological structure type）是指按照地质构造空间形态和特征确定的类别，主要包括褶皱、断层、节理和裂隙、软弱结构面、剪切带等。

4.1.1　褶皱（fold）

褶皱（fold）是指岩层受构造应力作用形成的连续弯曲现象。

背斜 anticline
闭合褶皱 close fold
单斜构造 uniclinal structure
倒转背斜 overturned anticline
倒转褶皱 overturned fold
短轴褶皱 branchy-axis fold
复背斜 anticlinorium
复向斜 synclinorium
构造穹窿 structure dome
构造盆地 structure basin
挠曲褶皱 flexure/bending fold
扭曲褶皱 contorted fold
倾伏背斜 plunging anticline
揉皱 crumple
拖曳褶皱 drag fold
弯曲褶皱 buckled fold

向斜 syncline

褶皱带 fold zone/fold belt
褶皱脊 fold hinge
褶皱轴 fold axis
褶皱翼 fold limb
褶皱核部 fold core

平卧褶皱 recumbent fold
倾伏褶皱 plunging fold
倾斜褶皱 inclined fold
直立褶皱 upright fold/erect fold

4.1.2　断层(fault)

断层(fault)是指岩体在内动力作用下断裂,并沿断裂面发生显著位移的构造变形形迹。

层间错动带 interlayer shear zone
脆性断裂 brittle fracture
错位 dislocation
断层擦痕 fault striation/slickenside
断层破碎带 fault fractured zone
断层影响带 fault influence zone
断层交汇带 fault intersection zone
断层下盘 footwall/lower wall
断层上盘 upper wall/hanging wall
断距 separation
叠瓦构造 imbrication
共轭断层 conjugated fault
活断层 active fault
剪切断层 shear fault
逆断层 adverse fault/thrust fault
逆掩断层 overthrust fault
平移断层 parallel displacement fault/strike-slip fault
韧性剪切带 ductile shear zone
上冲断层 upthrust fault
下落断层 downthrown fault
隐伏断层 blind fault
雁列断层 echelon fault
右旋走滑位错 right lateral strike-slip offset
张性断层 tension fault
正断层 normal fault
走滑断层 strike-slip fault
左旋走滑活动 left lateral strike-slip activity
左旋扭动 left lateral wrench

4.1.3　节理和裂隙(joint & fissure)

节理(joint)是指岩体中未发生位移的(包括实际的和潜在的)破裂面。

裂隙(fissure)是指岩体中产生的无明显位移的裂缝。

不连续面(discontinuity)是指岩体内部具有一定方向、一定规模、一定形态和特性的面、缝、层和带状地质界面，包括节理、裂隙、片理、断层等，又称结构面(structural plane)。

次生节理 secondary joint
层节理 bedded joint
构造节理 tectonic joint
横节理 cross joint
柱状节理 columnar joint
原生节理 primary joint
纵节理 longitudinal joint

板理 slaty cleavage
夹层构造 sandwich structure
层理 stratification/bedding
节理 joint
裂隙 fissure/crack/crevasse/crevice
流面构造 planar flow structure
片理 schistosity
劈理 cleavage
叶理 foliation

层面裂隙 bedding fissure
风化裂隙 weathering fissure
共轭裂隙 conjugate fissure
剪裂隙 shear fissure
爆破裂隙 blasting induced fissure
微裂隙 microfissure
卸荷裂隙 stress-relieving crack/stress-release fissure
张裂隙 tension fissure/tension crack

裂隙间距 fissure space
裂隙充填物 fissure infilling
裂隙密度 density of fissure
裂隙频数 frequency of fissure

羽状节理 pinnate joint
羽状张节理 pinnate tension joint
羽状剪节理 pinnate shear joint

闭合节理 close joint
节理系 joint system
节理组 joint set
紧闭节理 tight joint
张开节理 open joint

右旋 dextral rotation
左旋 sinistral rotation

扭性的 torsional
压性的 compressive
张性的 tensile

擦痕的 striated
粗糙的 rough
光滑的 smooth
摩擦光面 slickenside surface/friction polish surface

平直的 planar
波状的 undulated
顺直的 straight
台阶状的 stepped
弯曲的 curvatured

产状 attitude/orientation/occurrence
充填物 infilling
出露位置 termination
粗糙度 roughness
间距 space
连续性 persistence
连通率 continuity/joint persistence ratio
起伏度（起伏差）waviness
张开度 aperture
组数 number of sets

走向 strike
倾角 dip angle
倾向 tendency/inclination
波长 wavelength
波幅 wave amplitude
次方向粗糙度 secondary roughness
倾向延伸长度 dip persistence
倾向端点 dip ends
走向延伸长度 strike persistence
走向端点 strike ends
主方向粗糙度（倾向/走向）primary roughness（dip/strike）

【注】
等密度图 contour diagram/ contour stereonet
极点图 point diagram
玫瑰花图 rosette diagram/rose diagram
赤平投影图 stereogram/stereographic projection/stereographic representation of joints
施密特网 Schmidt net
费歇尔密度图 Fisher density map

横断面测绘 Cross-sectional surveying and mapping

岩芯结构面产状测量(量角仪测量) measurement of core structural plane occurrence(goniometer measurement)

上半球投影 the upper hemisphere projection/projection northern hemisphere

下半球投影 the lower hemisphere projection/projection southern hemisphere

下半球投影图 the lower hemisphere stereonet

4.1.4 软弱结构面(weak structural plane)

软弱结构面(weak structural plane)是指一种由力学强度明显低于围岩强度的软弱介质充填的结构面。

软弱结构面 weak structural plane

硬性结构面 rigid structural plane

层间挤压带 interlayer crushed zone

构造挤压带 structure crushed zone

挤压片理 compression schistosity

糜棱岩化 mylonitization

泥化夹层 siltized intercalation

劈理带 cleavage zone

破裂面 fracture plane

软弱夹层 weak intercalation/weak interbed

软弱面 weak plane

4.1.5 剪切带(shear zone)

剪切带(shear zone)是指发育在岩石圈中具有剪切应变的强烈变形带。

脆性剪切带 brittle shear zone

韧性剪切带 ductile shear zone

脆-韧性剪切带 brittle-ductile shear zone

剪切破碎带 shear fracture zone

4.2 地震工程(earthquake engineering)

地震工程(earthquake engineering)是指为了防御地震破坏所采取的有关工程措施的总称,包括地震烈度区划鉴定和划分、抗震规范制定与运用、结构设计与最佳周期研究、建筑材料选择、地震灾害和次生灾害预防等。

4.2.1　工程地震(engineering seismology/engineering earthquake)

工程地震(engineering seismology/engineering earthquake)是指将地震学研究方法和成果应用于工程设计与施工,以使工程获得安全和经济的抗震能力。

地震 earthquake/seism　　地震波 earthquake wave
地震震级 earthquake magnitude　　地震烈度 earthquake intensity
地震力 earthquake force　　地震作用 earthquake action
地震加速度 earthquake acceleration
地震系数 earthquake coefficient　　地震区划 seismic zonation
地震带 seismic belt　　地震预报 earthquake prediction

震中距 epicentral distance
震源距 hypocentral distance
震源 earthquake focus　　震源深度 focal depth

浅源地震 shallow-focus earthquake
深源地震 deep-focus earthquake

点源 point source　　面源 areal source
线源 linear source

前震 foreshock　　余震 aftershock
主震 main shock　　共振 resonance

基本烈度 basic intensity
卓越周期 predominant period
阻尼作用 damping action　　阻尼 damp

年超越概率 annual exceedance probability(AEP)
地震动参数 seismic ground motion parameters
地震动峰值加速度 seismic ground motion peak acceleration
地震动加速度反应谱特征周期 characteristic period of the acceleration response

spectrum

地震动参数区划 seismic ground motion parameter zonation

500年一遇 recurrence time/return period is 500 years

基准期为50年，超越概率为10%，重现期为475年 base period is 50 years, exceedance probability is 10 percent, return period is 475 years

OBE 弹性反应谱 elastic response spectral for OBE

地震反应谱 earthquake response spectrum

加速度谱 acceleration spectrum

加速度反应谱 acceleration response spectrum

谱加速度周期 spectral acceleration period

谱加速度 spectral acceleration（Sa）（0.2）（周期 0.2 s）

统一灾害谱（一致概率谱）uniform hazard spectrum/probability-consistent response spectrum（PCS）

地震灾害反应谱（地震危险性反应谱）seismic hazard spectrum/earthquake hazard response spectrum

环太平洋地震带 circum-Pacific seismic belt/Pacific ring seismic belt/Pacific rim of earthquake belt/ring of Pacific seismic belt

环太平洋火山带 Pacific rim of fire/Pacific ring of fire

【注】

谱加速度用于表达地震作用使一个物体像简谐振荡器一样以一定的阻尼进行物理形式移动时的最大加速度，单位为 g。谱加速度的数值与建筑物的固有振动频率有关；与峰值加速度数值相比，它更接近建筑物或其他结构地震时的运动实际状态；SA 和 PGA 通常存在一定联系，常采用阻尼为5%。

统一灾害谱（一致概率谱），即所得反应谱的所有周期点的超越概率都是相同的，多采用概率法确定。

地震灾害反应谱（地震危险性反应谱），包括一致概率谱，多采用概率法和确定性方法或其他方法确定。

Gal（galileo，伽）$=0.01\ m/s^2=0.001g$。

4.2.2　工程抗震(engineering earthquake resistance)

工程抗震(engineering earthquake resistance)是指以减轻地震灾害为目的的工程理论和实践。

工程抗震 earthquake engineering resistance/engineering earthquake resistance
建筑抗震设防分类 seismic precautionary category for building
抗震防灾规划 earthquake disaster reduction planning
设计地震动参数 design parameters of ground motion
设计烈度 design intensity
综合抗震能力 compound seismic capability

抗震设防 seismic precaution
抗震设防要求 seismic precautionary requirement
抗震设防标准 seismic precautionary criterion
抗震设防烈度 seismic precautionary intensity
抗震设防水准 seismic precautionary level
抗震设防区 seismic precautionary zone
抗震设防区划 seismic precautionary zoning

抗震分析 aseismic analysis/aseismatic analysis
抗震设计 aseismic design/aseismatic design

特殊设防类 particular precautionary category
重点设防类 major precautionary category
标准设防类 standard precautionary category
适度设防类 appropriate precautionary category

设防地震 precautionary earthquake
多遇地震 frequently occurred earthquake/low-level earthquake
基本地震 basical earthquake
罕遇地震 seldom occurred earthquake

大震 great earthquake
中震 moderate earthquake

小震 small earthquake

抗震等级 anti-seismic grade
抗震对策 earthquake protective strategy
抗震措施 seismic countermeasures　　抗震鉴定 seismic appraisal

【注】

据《中国地震动参数区划图》(GB 18306-2015),基本地震的基准期为50年、超越概率为10%(重现期为475年);多遇地震的基准期为50年、超越概率为63%(重现期为50年);罕遇地震的基准期为50年、超越概率为2%(重现期为2 475年)。

在我国相关抗震设防标准中,采用三水准设防,即“小震不坏、中震可修、大震不倒”,小震是指“多遇地震”,中震是指“基本地震”,大震是指“罕遇地震”。

最大可信地震 Maximum Credible Earthquake(MCE)
最大设计地震 Maximum Design Earthquake(MDE)
设计基本地震 Design Basis Earthquake(DBE)
运行基本地震 Operating Basis Earthquake(OBE)

【注】

据国际大坝委员会(International Commission on Large Dams, ICOLD)1989年72号公报《大坝地震参数选择导则》,运行基本地震基准期为100年,超越概率为50%,重现期为145年;最大设计地震基准期为100年,超越概率为10%,重现期为950年;最大可信地震基准期为100年,超越概率、重现期未定,通常采用确定性方法确定。

据国际大坝委员会2010年72号公报《大坝地震参数选择导则》,用安全评价地震(Safety Evaluation Earthquake, SEE)代替了1989年版中的MDE和国际大坝委员会46号公报《地震和大坝设计》中的DBE。MCE重现期未指定,如未发现明显的地震背景,MCE可采用概率法确定,取很长时间为重现期,例如10 000年。

一般情况下,设计基本地震重现期选用475年,有些地区选用2 500年。

1999年4月美国大坝委员会(USCOLD)发布的《修订的大坝地震参数选择导则》采用OBE和MDE两级设防。最大设计地震的重现期多取3 000~10 000年。

据美国陆军师团规范《土木工程地震设计和评价》,运行基本地震基准期为100年,重现期为144年,超越概率为50%,通常采用概率法确定。

最大设计地震是指建筑物设计或评估所能承受最大水平的地震,通常采用概率法或确定性方法确定，但设防标准无明文规定。在实际工作中，有时选用最大可信地震，有时采用重现期为 200 年或 500 年，主要依据实际情况确定。但据有关文献，通常情况下，MDE 超越概率为 10%，但有时为 1%。

最大可信地震是指依据地震和地质资料预测某个特定震源所能够产生的最大地震，通常采用概率法确定，但设防标准无明文规定。在实际工作中，一般情况下，超越概率为 2%或 5%，重现期为 2 000 年或 5 000 年，基准期为 100 年。

地震危险性评估概率法 probabilistic seismic hazard assessment/probabilistic seismic hazard analysis/probabilistic seismic hazard approach(PSHA)

地震危险性评估确定性方法 deterministic seismic hazard assessment/deterministic seismic hazard analysis/deterministic seismic hazard approach(DSHA)

第 5 章　岩土结构与构造
(rock-soil texture and structure)

岩土结构(rock-soil texture)是指岩土固体矿物颗粒的形态及组合特征。

岩土构造(rock-soil structure)是指岩土结构基本单元(矿物颗粒、集粒、碎屑)的空间相对位置和分布规律的总体特征。

宏观结构 macrostructure　　微观结构 microstructure

电桥联结 bridge bond　　非刚性联结 non-rigid bond
刚性联结 rigid bond　　过渡联结 transition bond
结构联结 structural bond　　胶结联结 cementation bond
结晶联结 crystalline bond　　凝聚联结 coagulation bond
嵌合联结 interlocking bond　　微组构 microfabric
组构 fabric

5.1　土的结构(soil texture)

土的结构(soil texture)是指土在其生成过程中所形成的土粒空间排列及颗粒联结形式。

土的组构(soil fabric)是指土的固体颗粒及其孔隙的空间排列特征。

层流状结构 laminar texture　　磁畴状结构 domain texture
单粒结构 single-granular texture
分散结构 dispersed texture　　蜂窝状结构 honeycomb texture

骨架(格)结构 skeletal texture
海绵状结构 spongy texture
混合结构 mixed texture
基质状结构 matrix texture
胶结结构 cementation texture
结晶结构 crystallinzation texture
假球状结构 pseudoglobular texture
集(团)聚结构 aggregated texture
可变结构(过渡结构) variable texture(transition texture)
凝聚结构 coagulation texture
片架结构 card-house texture
片堆结构 book-house texture
散粒结构 disperse-granular texture
松散结构 loosen texture
紊流状结构 turbulent texture
絮凝结构 flocculated texture

5.2 岩石结构(rock texture)

岩石结构(rock texture)是指岩土中矿物颗粒的结晶程度,颗粒大小、形状以及颗粒之间相互组合关系的特征。

5.2.1 沉积岩结构(sedimentary rock texture)

沉积岩结构(sedimentary rock texture)是指沉积岩中颗粒性质、大小、形态及其相互关系。

高晶 high crystal
泥晶 micritic
亮晶 spathic/spar
微晶 microlitic
细晶 aplitic
隐晶 cryptomerous/aphanitic

泥质结构 argillaceous texture
晶粒结构 crystalline grainular texture
碎屑结构 clastic texture

化学结构 chemical texture
生物结构 biotexture

1. 碳酸盐岩结构 carbonate rock texture

碎屑结构 clastic texture
粗砂屑结构 coarse psammitic texture
极粗砂屑结构 very coarse psammitic texture

结晶结构 crystal texture/crystalline texture
砾屑结构 psephitic texture
泥屑结构 pelolithic texture/pelitomorphic texture
砂屑结构 psammitic texture
微屑结构 microclastic texture
细砂屑结构 fine psammitic texture
中砂屑结构 medium psammitic texture

生物骨架结构 biological skeleton texture

残余结构 relic texture/residual texture
残余内碎屑结构 relic intraclastic texture
残余生物碎屑结构 relic bioclastic texture
残余鲕粒结构 relic oolitic texture
残余团粒结构 relic granular texture/crumby texture
残余团块结构 relic agglomerate texture/lumpy texture

晶粒结构 grain texture
粗晶结构 macrocrystalline texture/macromeritic texture
粉晶结构 silt crystalline texture
极粗晶结构 extreme macromeritic texture
巨晶结构 megacrystalline texture
泥晶结构 mud crystal texture/micritic texture
微晶结构 microcrystalline texture/microlitic texture
细晶结构 fine crystalline texture
中晶结构 medium crystalline texture

2. 碎屑岩结构 clastic rock texture

表面特征 surface features
粒度 granularity
球度 sphericity
圆度 circular degree/roundness

薄膜状胶结物 membrane cement
带状胶结物 banded cement /strip cement /ribbon cement

非晶质胶结物 amorphous cement
结晶粒状胶结物 crystalline granular cement
连生胶结物 intergrown cement
凝块状胶结物 clot cement/concretion cement/clot glue
微晶质胶结物 microlitic cement/microcrystalline cement
隐晶质胶结物 aphanitic cement
栉壳状或丛生状胶结物 ctenoid or tufted cement
再生胶结物 recycled cement

基底式胶结 base cement
接触式胶结 contact cement
孔隙式胶结 pore cement
溶蚀胶结 solution cement/dissolved cement

3. 碎屑岩碎屑结构 clastic texture of clasolite

粉砂结构 silty texture
砾状结构 psephitic texture/rudaceous texture
泥状结构 argillaceous texture
砂状结构 sand texture/arenaceous texture

4. 黏土岩结构 claystone texture

粉砂泥质结构 silty-argillaceous texture
鲕状及豆状结构 oolitic-pisolitic texture
砾状及角砾状结构 rudaceous-angular texture/psephitic-angular texture
泥质结构 argillaceous texture
砂泥质结构 sand-argillaceous texture

5.2.2　变质岩结构(metamorphic rock texture)

变质岩结构(metamorphic rock texture)是指由岩石组分的形状、大小和相互关系等反映的岩石构成方式,侧重于矿物个体的性质和特征。

变晶结构 blastic texture/crystalloblastic texture/crystallographic texture
斑状变晶结构 porphyritic blastic texture
不等粒变晶结构 unequal blastic texture/heteroblastic texture
粗粒变晶结构 coarse grain blastic texture

粒状变晶结构 grain blastic texture
麻粒变晶结构 granulitic blastic texture
鳞片变晶结构 flaky blastic texture
纤状变晶结构 fibrous blastic texture
细粒变晶结构 fine grain blastic texture
微变晶结构 microblastic texture
中粒变晶结构 medium grain blastic texture

变余结构 palimpsest texture
残余结构 relic texture

交代结构 metasomatic texture
交代蚕蚀结构 metasomatic silkworm erosion texture
交代残留结构 metasomatic residual texture
交代假象结构 metasomatic pseudomorph texture
交代净边结构 metasomatic edge texture
交代穿孔结构 metasomatic interstice texture
交代蠕虫结构 metasomatic worm texture

5.2.3 岩浆岩结构（magmatic rock texture）

岩浆岩结构（magmatic rock texture）是指岩石的结晶程度、颗粒大小、形状特征，以及这些物质彼此间的相互关系等所反映出的特征。

半自形结构 hypidiomorphic texture
他形结构 allotriomorphic texture/xenomorphic texture
自形结构 automorphic texture /idiomorphic texture/euhedral texture

半晶质结构 semicrystalline texture/hemicrystalline texture/hyalocrystalline texture
玻璃质结构 vitreous texture
全晶质结构 pleocrystalline texture/ holocrystalline texture

板状 tabular/platy/slaty/slab
放射状 radial
粒状 granular
纤维状 fibrous
片状 flaky/sheet/schistose/lamellar/laminar
针状 needle/acicular
柱状 columnar

半自形晶 hypidiomorphic crystal
他形晶 allotriomorphic crystal
自形晶 euhedron/euhedral crystal

非晶质 amorphous
显晶质 phaneritic
隐晶质 aphanitic

不等粒结构 un-granulitic texture
等粒结构 granulitic texture

斑状结构 porphyritic texture
反应结构 reaction texture
辉绿结构 ophitic texture
交生结构 intergrown texture
似斑状结构 quasi-porphyritic texture/ pseudo-porphyritic texture

火山碎屑岩结构 volcanic pyroclastic rock texture
火山角砾结构 volcanic breccia texture
火山尘结构 volcanic dust texture
集块结构 agglomerated texture /conglomerated texture/agglomeratic texture
凝灰结构 tuffaceous texture

5.3　岩石构造(rock structure)

岩石构造(rock structure)是指岩石中不同矿物集合体之间、矿物颗粒集合体与其他组成部分之间的排列方法与充填方式。

5.3.1　沉积岩构造(sedimentary rock structure)

沉积岩构造(sedimentary rock structure)是指沉积岩形成时期所形成的构造,为沉积岩各个组成部分的空间分布和排列方式,属于宏观特征,且是沉积岩的重要特征之一。

层理 bedding/lamination/stratification/lamellar/laminar
板状交错层理 platy cross bedding/tabular cross bedding
波状层理 wave bedding
大型和中型交错层理 large-scale and medium-scale cross bedding

粒序层理 graded bedding
块状层理 blocky bedding
逆行沙波交错层理 antidune cross bedding
平行层理 parallel bedding
水平层理 horizontal bedding
小型交错层理 small-scale cross bedding

冰雹痕 hail mark
波痕 wave mark/ripple mark
槽模 trough cast/groove cast/trench cast/slot cast
层面构造 layering/bedding plane/ bedding surface/stratification plane
冲痕 swash mark
干裂 xerochase/air-crack
沟槽 furrow/trench
泥砾 boulder clay
雨痕 rain mash

变形构造 deformation structure

生物成因构造 biogenic structure
生物层理构造 biological bedding structure
生态构造 ecological structure

化学成因构造 chemogenic structure

缝合线 suture
结核 nodule

虫迹 worm cast

定向构造 directional structure
鳞片状构造 flaky structure
显微构造 microstructure
杂乱构造 random structure

5.3.2 变质岩构造(metamorphic rock structure)

变质岩构造(metamorphic rock structure)是指由岩石组分在空间上的排列和分布所反映的岩石构成方式,侧重于矿物个体在方向和分布上的特征。

板状构造 tabular structure

斑点状构造 speck structure/speckle structure
变成构造 metamorphic structure
变余构造 blasto structure
块状构造 blocky structure/blocklike structure
片状构造 schistose structure
片麻状构造 gneissic structure /gneissoid structure/gneissose structure
千枚状构造 phyllitic structure　　条带状构造 ribbon structure

5.3.3　岩浆岩构造(magmatic rock structure)

岩浆岩构造(magmatic rock structure)是指岩浆岩中不同矿物集合体间或矿物集合体与岩石其他组成部分之间的排列充填空间方式所构成的岩石特征。

斑杂构造 taxitic structure/mottled structure
带状构造 striped structure/banded structure
晶洞和晶腺构造 drusitic structure
块状构造 blocky structure/blocklike structure
冷缩节理 cooling joint
流纹构造 rhyotaxitic structure/ripple structure
流面流线构造 flow surface and streamline structure
气孔构造 air cavity structure/gas pocket structure/gas pore structure
球状构造 spheroidal structure
杏仁构造 amygdaloidal structure
原生片麻构造 native gneissic structure/primary gneissic structure
枕状构造 pillow structure

火山碎屑岩构造(volcanic pyroclastic rock structure)
假流纹构造 false rhyotaxitic structure
火山泥球构造 volcanic mud ball structure　豆石构造 pisolitic structure

5.4　岩体结构(rock mass structure)

岩体结构(rock mass structure)是指结构面的程度及其组合关系,或结构体规模、形态及其排列形式所表现出来的空间形态。

结构体(structural block/mass/body)是指被结构面切割所形成的岩石块体。

块状结构 blocky structure
整体结构 massive structure/monolithic structure
次块状结构 subblocky structure

层状结构 layer structure/stratilied structure
巨厚层状结构 very thick layer structure/hugely thick layer structure
厚层状结构 thick layer structure
中厚层结构 medium layer structure
互层结构 interbedded structure/ interstratified bed structure
薄层结构 thin layer structure

【注】

在国内外规程规范中，层状岩体结构划分尚无统一标准；而层状岩石结构依据单层厚度进行划分，但不完全一致，等级和数值标准均存在差异，有些差别较大，甚至存在“貌合神离”现象。

《中小型水利水电工程地质勘察规范》(SL 55-2005)附录A 中小型水利水电工程围岩工程地质分类中，层状岩层单层厚度分级如下(h 为单层厚度)。

巨厚层　$h \geq 100$ cm
厚层　50 cm $\leq h <$ 100 cm
中厚层　20 cm $\leq h <$ 50 cm
薄层　5 cm $\leq h <$ 20 cm
极薄层　$h <$ 5 cm

《水利水电工程地质勘察规范》(GB 50487-2008)附录U 岩体结构分类和《水力发电工程地质勘察规范》(GB 50287-2016)附录N 岩体结构分类中，采用结构面间距 h(单层厚度)，层状岩体结构的划分如下。

巨厚层状　$h >$ 100 cm
厚层状　50 cm $< h \leq$ 100 cm
中厚层状　30 cm $< h \leq$ 50 cm
互层状　10 cm $\leq h \leq$ 30 cm
薄层状　$h <$ 10 cm

英国《Code of Practice for Site Investigations》(BS 5930：1999)Section 6 Description of Soils and Rocks 中，采用单层厚度 h，层状岩体结构的划分如下。

巨厚层状　$h > 200$ cm

厚层状　60 cm$<h\leqslant$200 cm

中厚层状　20 cm$<h\leqslant$60 cm

薄层状　6 cm$<h\leqslant$20 cm

很薄层　2 cm$<h\leqslant$6 cm

极薄层状（沉积岩）/条带状（变质岩、火成岩）　0.6 cm$<h\leqslant$2 cm

非常薄层状（沉积岩）/细条带状（变质岩、火成岩）　$h<$ 0.6 cm

美国陆军师团《Geotechnical Investigation》（EM1110-1-1804）附录 B Geological Mapping Procedures Open Excavation B-4 Examples of Foundation Maps Table B-2 Descriptive Criteria，Excavation Mapping，采用单层厚度 h（ft），层状岩体结构的划分如下。

巨厚层状　$h>$ 3ft（91.44 cm）

厚层状　1 ft$<h\leqslant$3 ft（30.48~ 91.44 cm）

中厚层状　0.3 ft$<h\leqslant$1 ft（9.144~30.48 cm）

薄层状　$h<$ 0.3ft（9.144 cm）

英国《Code of Practice for Site Investigations》（BS 5930：1990）中，thickly laminated（thickness of 6~20 mm），对于沉积岩结构译为较薄层；narrow（thickness of 6~20 mm），对于岩浆岩和变质岩结构译为条带状；thinly laminated（thickness less than 6 mm），对于沉积岩结构译为极薄层；very narrow（thickness less than 6 mm），对于岩浆岩和变质岩结构译为细条带状。

massive structure 不同词典译文不同，有些词典译为整体结构或厚层结构，而有些词典译为块状结构。

碎裂结构 cataclastic structure

块裂结构 block crack texture

压碎结构 block split texture/crush texture

镶嵌结构 mosaic structure/interlocked structure

散体结构 loose structure

碎屑状结构 crumb structure/clastic texture/detrital structure

碎块状结构 fragmental structure/lumpy structure

糜棱结构 mylonitic structure
碎斑结构 porphyroclastic structure/mortar structure
碎粒结构 granular structure

【注】

《水利水电工程地质勘察规范》(GB 50487-2008)附录V 坝基岩体工程地质分类,对于坚硬岩(A, R_b>60 MPa),坝基岩体结构可划分为 A_I 至 A_V,而 A_{III} 划分为 A_{III1} 和 A_{III2},A_{IV} 划分为 A_{IV1} 和 A_{IV2}; A_{I1} 为整体状或块状、巨厚状、厚层状结构,A_{II} 为块状或次块状、厚层结构, A_{III1} 为次块状、中厚层状结构或焊合牢固的薄层结构, A_{III2} 为互层状、镶嵌状结构, A_{IV1} 为互层状或薄层状结构, A_{IV2} 为镶嵌或碎裂结构, A_V 为散体结构。

对于中硬岩(B, R_b=30~60 MPa),坝基岩体结构可划分为 B_{II} 至 B_V,而 B_{III} 划分为 B_{III1} 和 B_{III2}, B_{IV} 划分为 B_{IV1} 和 B_{IV2}; B_{II} 岩体结构特征与 A_I 相似, B_{III1} 岩体结构特征与 A_{II} 相似,B_{III2} 为次块状或中厚层状结构,B_{IV1} 为互层状或薄层状结构,B_{IV2} 为薄层状或碎裂状结构,B_V 岩体结构特征与 A_V 相同。

对于软质岩(C, R_b<30 MPa),坝基岩体结构可划分为 C_{III}、C_{IV}、C_V; C_{III} 为整体状或巨厚层状结构, C_{IV} 岩石强度大于 15 MPa,但结构面较发育,或岩体强度小于 15 MPa,结构面中等发育,C_V 岩体结构特征与 A_V 相同。

该分类适用于坝高大于 70 m 混凝土坝。其中 R_b 为饱和单轴抗压强度。

第 6 章　第四系松散堆积物成因类型 (origin type of loose deposit of Quaternary system)

第四系松散堆积物成因类型(origin type of loose deposit of Quaternary system)是指根据沉积物的成因而划分的类型。

6.1　重力堆积物(gravity deposit)

重力堆积物(gravity deposit)是指由本身重力作用而堆积在斜坡或坡脚处的松散堆积物。

崩积物 colluvium(col)

滑坡堆积物 deposit of landslide(del)

泥石流堆积物 deposit of debris flow(df)　山麓堆积物 piedmont deposit

土溜 earth flow/solifluction

坠积物 dropping deposit/falling deposit

6.2　大陆流水堆积物(continental flowing deposit)

大陆流水堆积物(continental flowing deposit)是指在陆地上地表流水流动过程中,侵蚀的物质经搬运后堆积而成的松散堆积物。

6.2.1 冲积物(alluvial deposit)

冲积物(alluvial deposit)是指由长期的地表水流搬运,在河谷、冲积平原和三角洲地带形成的堆积物。

冲积物 alluvium(al)

冲洪积物 alluvium-pluvium(alp)

冲积风积物 alluvium-eolian layer(aleo)

冲积海积物 alluvium-marine deposit(alm)

6.2.2 洪积物(pluvial deposit)

洪积物(pluvial deposit)是指由暂时洪流将山区或高地的大量风化碎屑物携带至沟口或平缓地带形成的堆积物。

洪积物 pluvium(pl)/deluvium/diluvion/diluvium

洪积坡积物 pluvium-slope deposit(pld)

洪湖积物 pluvium-lacustrine(pll)

6.2.3 坡积物(slope deposit)

坡积物(slope deposit)是指风化碎屑物由雨水或融雪水沿斜坡搬运而堆积在斜坡上的松散物。

坡积物 talus/slide rock/slope wash/slope deposit/deluvium(dl)

坡冲积物 slope deposit-alluvium/deluvium-alluvium(dal)

【注】

deluvium 不同词典译文不同,有些词典翻译为洪积层,而有些词典翻译为坡积层。

6.2.4 残积物(residual deposit)

残积物(residual deposit)是指岩石经风化作用而残留在原地的碎屑堆积物。

残积物 eluvium(el)/residual deposit

残坡积物 eluvium-slope deposit(eld)

6.3　海水堆积物(marine deposit(mr))

海水堆积物(marine deposit(mr))是指各种海洋沉积作用所形成海底的沉积物。
滨海堆积物 littoral deposit
浅海堆积物 epicontinental sedimentation/shallow deposit
深海堆积物 abyssal deposit/abysmal deposit
三角洲堆积物 delta sediment(dlt)

6.4　地下水堆积物(underground water deposit)

地下水堆积物(underground water deposit)是指地下水所形成的沉积物。
地下河堆积物 deposit along underground channel
地下湖堆积物 deposit in underground lake
洞穴堆积物(ca)cave deposit
泉花(cas)cascade sediment/sinter deposit
泉水堆积物 spring deposit

6.5　冰川堆积物(glacial deposit(gl))

冰川堆积物(glacial deposit(gl))是指由冰川融化携带的碎屑物堆积或沉积的松散堆积物。
冰水堆积物(gfl) glaciofluvial deposit
冰湖堆积物(gl) glaciolacustrine deposit
冰碛堆积 till/glacial deposit
冰碛湖堆积物 till-lake deposit
融冻堆积物 (ts)thaw deposit

6.6 风力堆积物(eolian layer(eol)/aeolian deposit)

风力堆积物(eolian layer(eol)/aeolian deposit)是指在干旱气候条件下,碎屑物被风吹扬,降落堆积而成的松散堆积物。

风-水堆积物 wind-water deposit　　黄土堆积物(los)loess deposit

6.7 其他堆积物(other deposits)

其他堆积物(other deposits)是指除重力、大陆流水、海水、地下水、冰川和风力作用以外,其他外地质作用所形成的沉积物。

复合堆积物(mi)mixed deposit　　化学堆积物(ch)chemical deposit

湖积物(l)lacustrine deposit　　火山堆积物(v)volcanic deposit

人工堆积物(s) artificial accumulation/man-made fill/man-made layer(ml)/made ground/artificial embankment/artificial dump

生物堆积物(b)biogenic deposit

【注】

沉积相(sedimentary facies)是沉积物的形成环境、条件和其特征的总和。沉积相主要分为陆相(continental facies)、海陆过渡相(transition facies of seacontinent)和海相(marine facies)。

陆相包括风成相(aeolian facies)、冰川相(glacial facies)、河流相(alluvial facies)、坡积相(slope wash facies)、残积相(eluvial facies)、湖泊相(lake facies)、沼泽相(swamp facies)、洞穴相(cavern facies)等。

海陆过渡相包括泻湖相(lagoon facies)、三角洲相(deltaic facies)、滨岸相(littoral facies/onshore facies)。

海相包括浅海相(neritic facies)、半深海相(bathyal facies)、深海相(abyssal facies)。

第 7 章　岩土物理力学性质(physical and mechanical properties of rock and soil)

岩土物理性质(physical properties of rock and soil)是指由自身的物质组成和结构特征所决定的岩土基本属性。

岩土力学性质(mechanical properties of rock and soil)是指岩土在外力作用下所表现的性质。

7.1　土(soil)

土(soil)是由岩石经各种地质作用形成的松散物质。其物理状态易变,力学强度低,孔隙率高,易搬运。

7.1.1　颗粒组成(grain composition)

颗粒组成(grain composition)是指土的固体颗粒及其孔隙的空间排列特征。

不均匀系数 uniformity coefficient

级配 gradation/grade

颗粒分析 grain size analysis

颗粒圆度 grain roundness

颗粒级配 distribution of grain size

粒径 grain size

粒径分布曲线 grain size distribution curve

粒度模数 granularity modulus

平均粒径 mean grain size/mean diameter

曲率系数 curvature coefficient

细度模数 fineness modulus

限制粒径 constrained diameter / constrained grain size

有效粒径 effective diameter / effective grain size

7.1.2 物理性质（physical properties）

物理性质（physical properties）是指由自身的物质组成和结构特征所决定的土基本属性。

常规物性试验 conventional physical test/conventional index property test
饱和系数 saturation coefficient
饱和度 saturation degree
饱和密度 saturated density
比重 specific gravity
比表面积 specific surface area
干密度 dry density
含水量 water content
含水率 water-content coefficient/moisture content
活性指数 activity index
可塑性 plasticity
孔隙度 porosity
孔隙比 void ratio
密度 density
磨圆度 psephicity/roundness
容重、重度 unit weight
天然密度 natural density
相对密度 relative density
压实度 degree of compaction
有机质含量 organic content

稠度界限 consistency limit
塑限 plastic limit
塑性指数 plastic index
缩限 shrinkage limit
液限 liquid limit
液性指数 liquidity index

7.1.3 力学性质（mechanical properties）

力学性质（mechanical properties）是指土在外力作用下所表现的性质。

残余强度 residual strength
尺寸效应 scale effect
锤击数 blow counts
峰值强度 peak strength
回弹模量 rebound modulus
抗剪强度 shear strength
灵敏度 degree of sensitivity
摩擦系数 friction coefficient
内摩擦角 inner friction angle
凝聚力 cohesion
天然休止角 natural angle of repose
无侧限抗压强度 unconfined compression strength（UCS）
有效应力强度参数 effective stress strength parameters

总应力强度参数 total stress strength parameters

【注】

无侧限抗压强度(unconfined compression strength)常用于土层,特别是软黏土。

7.1.4　变形性质(deformation properties)

变形性质(deformation properties)是指在外力作用下,土内部质点的位移和由此而引起的其形状的改变而所具有的属性。

变形性能 deformability

侧限模量 constrained modulus　　压缩系数 compression coefficient

压缩模量 compression modulus　　压缩指数 compression index

7.1.5　湿陷性(collapsibility)

湿陷性(collapsibility)是指在一定压力作用下,黄土被水浸湿后,其结构破坏而产生显著附加沉陷的性能。

残余湿陷量 remnant collapse value

非自重湿陷 non-self-weight collapse

湿陷系数 collapse coefficient　　湿陷变形 collapse deformation

湿陷起始压力 initial collapse pressure

湿陷量 collapse settlement/collapse value

自重湿陷系数 coefficient of self-weight collapse

自重湿陷 self-weight collapse

7.1.6　固结性质(consolidation properties)

固结性质(consolidation properties)是指土在一定压力作用下,发生的孔隙水压力不断减小,有效应力增大,变形逐渐发展直至稳定的压缩过程所具有的属性。

先期固结压力 preconsolidation pressure

超固结比 over-consolidation ratio(OCR)

正常固结土 normally consolidated soil

欠固结土 underconsolidated soil

主固结 primary consolidation　　次固结 secondary consolidation

固结度 consolidation degree　　固结系数 consolidation coefficient

孔隙水压力 pore water pressure

孔隙水压力系数 pore water pressure coefficient
超静水压力 excess hydrostatic water pressure

7.2 岩石(rock)

岩石(rock)是指地壳中由地质作用所形成的固态物质,是造岩元素所构成的玻璃或矿物的天然集合体,具有一定的结构构造和变化规律。

7.2.1 物理性质(physical properties)

物理性质(physical properties)是指由自身的物质组成和结构特征所决定的岩石基本属性。

饱和吸水率 saturated water absorption
饱和含水率 saturated moisture content
含水率 water-content coefficient/moisture content
颗粒密度 grain density
孔隙率 porosity
块体密度 block density
吸水率 absorption rate/percent absorption
岩石质量指标 rock quality designation

7.2.2 力学性质(mechanical properties)

力学性质(mechanical properties)是指岩石在外力作用下所表现的性质。

地应力 geostress
应力 stress
扬压力 overpressure
承载力 bearing capacity
单轴抗压强度 uniaxial compression strength(UCS)
点荷载强度 point load strength
基岩承载力基本值 basic value of bearing capacity of bed rock
抗拉强度 tensile strength
抗剪断强度 shearing cut strength
抗剪强度 shear strength
屈服强度 yield strength

三轴抗压强度 triaxial compression strength
岩石脆性指数 brittleness index of rock
岩石坚固系数 solidity coefficient of rock

地质强度指标 geological strength index(GSI)

【注】
单轴抗压强度(uniaxial compression strength)常用于岩石。
地质强度指标(geological strength index)由 Hoek(1995)提出，Hoek，Kaiser 和 Bawden(1995)提供了一种评价不同地质条件下岩体强度降低的方法。

7.2.3　变形性质(deformation properties)

变形性质(deformation properties)是指外力作用下，岩石内部质点的位移和由此引起的其形状的改变而具有的属性。

蠕变 creep
蠕变速率 creep rate

残余变形 residual deformation
剪胀性 dilatancy
塑性变形 plastic deformation
应力松弛 stress relaxation

变形模量 deformation modulus
动弹性模量 dynamic elastic modulus
刚性模量 rigidity modulus
割线模量 secant modulus
剪切模量 shear modulus
切线模量 tangent modulus
弹性模量 elastic modulus
体积模量 bulk modulus

泊松比 Poisson’s ratio
单位弹性抗力系数 unit elastic resistance coefficient
强度模量比 strength-modulus ratio
弹性抗力系数 elastic resistance coefficient

7.2.4　水理性质(water-physical properties)

水理性质(water-physical properties)是指在水作用下，岩石所表现出来的性质，包括含水性、吸水性、软化性、抗冻性、透水性、膨胀性和崩解性。

含水性 aquosity/water-bearing property

吸水性 water absorption property

软化性 softening property

软化系数 softening coefficient

抗冻性 frost-resistance property

抗冻性系数 frost resistance coefficient/ antifreezing coefficient

透水性 permeability

膨胀性 expansive property/expansibility

膨胀力 swelling force/expansive force

岩石自由膨胀率 free swelling ratio of rock

崩解性 disintegration property/slaking/disintegrability

岩石耐崩解性指数 disintegration-resistance index of rock

7.3 岩体(rock mass)

岩体(rock mass)是指赋存于一定地质环境、含各类不连续面且具一定工程地质特征的岩石综合体。

工程岩体 engineering rock mass

工程岩体级别 engineering rock mass grade

节理连通率 joint persistence ratio

岩体基本质量 rock mass basic quality

岩体完整性指数 intactness index of rock mass

岩体体积节理数 volumetric joint count of rock mass

岩体工程地质分类 engineering geological classification of rock mass

第 8 章　水文地质（hydrogeology）

水文地质（hydrogeology）是指表征地下水形成、分布、运动以及水质、水量等特征的地质环境。

8.1　地下水（underground water）

地下水（underground water）是指埋藏于地表以下的各种形式的重力水。

地下分水岭 underground watershed

汇流 influx

流域 basin

水系 drainage pattern

水窝 water pocket

支流 tributary stream

主流 trunk river

水文地质 geohydrology/hydrogeology

水文站 hydrological station

包气带 aeration zone

饱水带 saturated zone

毛细带 capillary zone

承压水 confined water/artesian water

层间水 interlayer water

裂隙水 fissure water

上层滞水 perched water

潜水 phreatic water

自由水 free water

重力水 gravity water

结合水 bound water
毛细管水 capillary water

承压含水层 artesian aquifer/confined aquifer
含水层 aquifer
孔隙含水层 porous aquifer
孔隙-裂隙含水层 pore-fissure aquifer
裂隙含水层 fissure aquifer
潜水含水层 phreatic aquifer
弱透水层 aquitard
透水层 permeable bed
无压含水层 unconfined aquifer

隔水层 impervious layer/aquifuge
相对隔水层 relative aquifuge

含水带 water-bearing zone
含水岩组 water-bearing formation
含水岩系 water-bearing rock series

上升泉 ascension spring
下降泉 gravity spring

8.2 岩土透水性(permeability of rock and soil)

岩石透水性(permeability of rock)是指流体流动通过岩石的能力,常用渗透系数或透水率定量描述。

土渗透性(permeability of soil)是指水在土孔隙中渗透流动的性能,常用渗透系数定量描述。

饱和度 degree of saturation
导水性 water transmissibility
富水性 water yield property
给水度 specific yield
透水性 water permeability/hydraulic conductivity

储水系数 storage coefficient
单位吸水量 unit water acceptance
导水系数 coefficient of transmissivity/transmissibility
渗透系数 coefficient of permeability/hydraulic conductivity
透水率 water permeability/permeable rate
吸水率 specific water absorption

孔隙水压力 pore water pressure
渗透压力 seepage pressure
渗透力 seepage force

表观流速 apparent velocity
出逸梯度 exit gradient
临界水力梯度 critical hydraulic gradient
允许渗透坡降 permissible seepage gradient/allowable seepage gradient

8.3　水文地质试验(hydrogeological test)

水文地质试验(hydrogeological test)是指为定量评价水文地质条件和取得含水层参数而进行的各种测试工作。

非稳定流抽水试验 unsteady flow pumping test
抽水试验 pumping test
单孔抽水试验 single hole pumping test
多孔抽水试验 multiple holes pumping test

非完整孔抽水试验 partially penetrating borehole pumping test
完整孔抽水试验 completely penetrating borehole pumping test
稳定流抽水试验 steady flow pumping test
渗透试验 percolation test
瞬时提水或注水试验 slug test
示踪试验 tracer test
探坑注水试验 injection water in pit
注水试验 injection water test
钻孔抽水试验 pumping test in borehole
钻孔压水试验 water pressure test in borehole/packer permeability test in borehole
钻孔注水试验 injection water test in borehole

试坑单环注水试验 single ring injection water test in trial pit
试坑双环注水试验 double ring injection water test in trial pit
钻孔常水头注水试验 constant head injection water test in borehole
钻孔降水头注水试验 fall head injection water test in borehole

抽水孔 pumping borehole

观测孔 observation borehole
非完整孔 partially penetrating borehole
完整孔 completely penetrating borehole

出水量 outflow
动水位 drawdown level/dynamic groundwater level
降深 drawdown
降落漏斗 depression cone
吕荣单位 Lugeon unit
试验水头 test head
渗入深度 infiltration depth
特征时间 characteristic time
形状系数 shape factor
影响半径 radius of influence
越流因数 overflow factor
注水试环面积 ring area of injection water test
注入流量 injection flow

管路压力损失 pipe pressure loss
工作管长度 working pipe length
摩阻系数 friction coefficient
栓塞 packer
试验段长度 test section length
试验流量 test flow
试验压力 test pressure
压力计算零线 pressure calculation zero line

测压管 piezometer pipe
试段隔离 test section isolation
三级压力 three stage pressure
五个阶段 five stages
洗孔 well flushing/hole washing
止水 sealing up/water stop

过滤器 filter
包网过滤器 packet filter
缠丝过滤器 filament filter
填砾过滤器 gravel filter

沉淀管 settling pipe
阀门 valve
供水管路 water supply pipeline
花管 perforated pipe
流量计 flowmeter
量杯 cup
量筒 cup barrel
试环 trial ring
水表 water meter
水箱 water tank
三角堰 triangular weir /V-notch weir
压力表 pressure gauge

压力传感器 pressure sensor

水泵 water pump
潜水泵 submersible pump
离心式水泵 centrifugal pump
空气压缩机 air compressor

【注】

Water pressure test is a pump-in test carried out to measure rock permeability. The test involves sealing off sections of a borehole with packers, after which five consecutive pump-in tests are done, each of 10 minutes duration.

压水试验是一种使用水泵测试岩石渗透性的原位试验。试验包括试段栓塞封闭，5 个连续试验阶段每个持续时间为 10 分钟。

8.4　地下水观测（underground water observation）

地下水观测（underground water observation）是指对一个地区的地下水动态要素，选择有代表性的泉、井、孔等按照一定的时间间隔和技术要求进行观测、记录和资料整理的工作。

地下水简易观测 underground water simple observation
地下水动态观测 underground water dynamic observation

地下水位 underground water level/underground water table
地下水水质 underground water quality
地下水水温 underground water temperature
泉水流量 spring water flow
地表水水位 surface water level
地表水水质 surface water quality
地表水水温 surface water temperature

地下水动态观测网点 underground water dynamic observation network and point
平行河流流向观测线 observation line paralleling with river flow direction
垂直河流流向观测线 observation line vertical to river flow direction
平行地下水流向观测线 observation line paralleling with underground water flow

direction

垂直地下水流向观测线 observation line vertical to underground water flow direction

分层观测 layered observation/de-layer observation

水文年 hydrological year

初见水位 initial water level

钻进过程水位 water level during drilling

终孔水位 final hole water level

稳定水位 stable water level

安装长观设备 installation of piezometer construction

地下水位观测 monitoring of underground water level

地下水位观测孔 underground water monitoring wells

8.5 水质分析(water quality analysis)

水质分析(water quality analysis)是指对水中各种化学成分含量及水的物理性质的测定。

pH 值 pH value

腐蚀性 corrosivity

化学成分 chemical composition/component

浑浊度 opacity

碱度 alkalinity

矿化度 mineralization degree

溶解固体 dissolved solids(DS)

水质分析 water quality analysis

水溶性硫化物 water-soluble sulfide

悬浮固体 suspended solids

总硬度 total hardness

硅酸盐 silicate

磷酸盐 phosphate

硫酸盐 sulfate

碳酸盐 carbonate

碳酸钙 calcium carbonate

硝酸盐 nitrate

阳离子 basic ion/positive ion/cation
阴离子 negative ion

铵离子(NH_4^+) ammonium ion
钙离子(Ca^{2+}) calcium ion
钾离子(K^+) potassium ion
铝离子(Al^{3+}) aluminum ion
镁离子(Ma^{2+}) magnesium ion
钠离子(Na^+) sodium ion

重碳酸根离子(HCO_3^-) bicarbonate ions
氯离子(Cl^-) chloridion
硫酸根离子(SO_4^{2-}) sulfate ion
碳酸根离子(CO_3^{2-}) carbonate ion
氢氧根离子(OH^-) hydroxyl ion

腐蚀性二氧化碳 corrosive carbon dioxide
游离二氧化碳 free carbon dioxide

8.6　岩溶水文地质(karst hydrogeology)

岩溶水文地质(karst hydrogeology)是指可溶岩地区的地表水、地下水、地层、构造及地形、地貌相互关联的总称。

地下河 subterranean stream
地下湖 subterranean lake
伏流 swallet stream
管道流 conduit flow
季节变化带 seasonal fluctuation zone
扩散流 diffuse flow
深饱水带 deep saturation zone
渗流带 vadose zone
潜流带 phreatic zone
溶潭 blue hole/puddle
浅饱水带 shallow saturation zone
岩溶水 karst water
岩溶泉 karst emergence/karst spring/karst source
岩溶含水层 karst aquifer
岩溶地下水位 karst underground water table
岩溶水动力单元 karst hydrodynamic unit
岩溶水文系统 karst hydrologic system
岩溶强径流带 karst concentrated flow zone
岩溶排水基准面 karst drainage base level
岩溶天窗 karst window/regard
岩溶突水 karst declogging

第 9 章　室内试验与原位测试（lab test and in-situ test）

室内试验（lab test）是指为研究岩土物理力学性质等和测定其定量指标而在室内对具有代表性的岩土样品进行的科学试验。

原位测试（in-situ test）是指为研究岩体和土体的工程性质，在现场原地层中进行的有关岩体和土体物理力学性质指标的各种测试方法的总称。

9.1　土工试验（soil test）

土工试验（soil test）是指为测定土的物理、力学等工程性质和测定其定量指标而在室内对土样进行的科学试验。

9.1.1　物理性质试验（physical property test）

物理性质试验（physical property test）是指为测定土的物理性质和测定其定量指标而在室内对土样进行的科学试验。

比重试验 specific gravity test

含水率试验 moisture content test/water content test/moisture rate test

击实试验 compaction test

加州承载比试验 California bearing ratio（CBR）test

界线含水率试验 limit moisture content test

颗粒分析试验 particle size analysis test/grain composition analysis

密度试验 density test

普氏击实试验 Proctor compaction test

相对密度试验 relative density test　　针孔试验 pinhole test

X 射线衍射分析 X ray diffraction analysis
塞查尔硬度试验 Cerchar scratch test(Cerchar abrasiveness index，CAI)

泥浆试验 slurry test

9.1.2　力学性质试验(mechanical property test)

力学性质试验(mechanical property test)是指为测定土的力学性质和测定其定量指标而在室内对土样进行的科学试验。

饱和快剪试验 saturated quick shear test
饱和固结快剪试验 saturated-consolidated quick shear test
不固结不排水三轴剪切试验(UU) unconsolidated-undrained triaxial shear test
固结快剪试验(CQ) consolidated quick shear test
固结不排水三轴剪切试验(CU) consolidated-undrained triaxial shear test
固结排水三轴剪切试验(CD) consolidated-drained triaxial shear test
快剪试验(Q) quick shear test　　慢剪试验(S) slow shear test
直剪试验 direct shear test

动三轴试验 dynamic triaxial test　　固结试验 consolidation test
膨胀试验 swelling test　　收缩试验 shrinkage test
三轴压缩试验 triaxial compression test
无侧限抗压强度试验 unconfined compression strength test
压缩试验 compression test

自由膨胀率试验 free swelling rate test

9.2　岩石试验(rock test)

岩石试验(rock test)是指为研究岩石物理力学性质等和测定其定量指标而在室内对具有代表性的样品进行的科学试验。

9.2.1 物理性质试验(physical property test)

物理性质试验(physical property test)是指为测定岩石的物理性质和测定其定量指标而在室内对岩样进行的科学试验。

崩解试验 disintegration test/slaking test

冻融试验 freeze-thaw test

颗粒密度试验 grain density test

块体密度试验 block density test

膨胀性试验 swelling property test

吸水率试验 water absorptivity test

磨耗性试验 abrasion test

蠕变试验 creep test

硬度试验 hardness test

9.2.2 力学性质试验(mechanical property test)

力学性质试验(mechanical property test)是指为测定岩石的力学性质和测定其定量指标而在室内对岩样进行的科学试验。

单轴压缩变形试验 uniaxial compression deformation test

单轴抗压强度试验 uniaxial compression strength(UCS)test

点荷载强度试验 point load strength test

剪切试验 shear test

抗拉强度试验 tensile strength test

劈裂试验 split test

三轴压缩强度试验 triaxial compression strength test

直剪强度试验 direct shear test

巴西间接抗拉强度试验 Brazilian indirect tensile strength test

9.3 土体原位测试(soil body/soil mass in-situ test)

土体原位测试(soil body/soil mass in-situ test)是指为研究土体的工程性质,在现场原地层中进行的有关土体物理力学性质指标的各种测试方法的总称。

扁铲侧胀试验 flat dilatometer test(DMT)(Silvano Marchatti)

标准贯入试验 standard penetration test(SPT)

带孔隙压力的锥体静力触探 cone penetration test with pore pressure(CPTC)

旁压试验 pressuremeter test
平板载荷试验 plate loading test
十字板剪切试验 vane shear test(VST)
圆锥动力触探试验 cone dynamic penetration test(DPT)
圆锥静力触探试验 cone static penetration test
重 2 型动力触探试验 heavy-2 dynamic penetration test

9.4　岩体原位测试(rock mass in-situ test)

岩体原位测试(rock mass in-situ test)是指为研究岩体的工程性质,在现场原地层中进行的有关岩体物理力学性质指标的各种测试方法的总称。
岩体强度试验 rock mass strength test

地应力测试 geostress test
水压致裂法 hydraulic fracturing technique
岩体原位应力测试 rock mass in-situ stress test
应力解除法 stress relief method
应力恢复法 stress recovery method

岩体变形试验 rock mass deformation test
承压板法 bearing plate method
古德曼千斤顶变形试验 Goodman jack deformation test
刻槽法试验 slot method test
狭缝法试验 slit method test
钻孔变形试验 borehole deformation test

9.5　数据处理(data processing)

数据处理(data processing)是指对数据进行采集、存储、加工、检索、分析和输出等操作过程。
标准指标 standard index
标准偏差 standard deviation

计算指标 calculation index
试验指标 test index
综合指标 synthetic index

变异系数 variation coefficient
大值平均值 maximum average value
加权平均值 weighted average value
精度指标 precision index
绝对误差 absolute error
均方差 mean square deviation
算术平均值 arithmetic mean/average value
小值平均值 minimum average value
优定斜率法 optimal slope method
中值 median value
最小二乘法 least square method

第 10 章　物理地质现象和地质灾害（physical geological phenomenon and geo-hazards）

物理地质现象（physical geological phenomenon）是指由地球的外营力和内营力作用所产生的对工程建筑物造成危害的地质作用和现象，也称为不良地质现象。

地质灾害（geo-hazards）是指在自然或人为因素的作用下形成的，对人类生命财产造成损失、对环境造成破坏的地质作用或地质现象。

表生作用 hypergene process
剥蚀 denude/denudation/abrasion
风化 weathering
侵蚀 erosion/corrosion
坍塌 cave-in
现象 phenomenon
剥落 peel-off/ spalling
地震 earthquake
滑坡 landslide/mudslide
泥石流 debris flow
岩溶 karst
卸荷 unloading/offloading

不良地质作用 adverse geological process/adverse geological actions

10.1　风化（weathered）

风化（weathered）是指在太阳辐射、温度、水、气体、生物等因素的综合作用下，岩体结构、化学矿物成分和物理性状等发生变化的过程和现象。

新鲜 fresh

微风化 slightly weathered
弱风化 moderately weathered/weak weathered
强风化 highly weathered/intensely weathered/strongly weathered/well weathered
全风化 completely weathered/ fully weathered/completely decomposed

囊状风化 saccate weathering/cystic weathering
槽状风化 trough weathering

【注】

国内外岩石风化划分标准并不完全一致,甚至差别较大。岩石风化一般主要从颜色、结构、强度等方面进行认识和判别,除此以外,国内规范对于风化认定还考虑两个因素,即矿物蚀变程度和开挖,通过自然直观认识、锤击测试和开挖等综合因素判断。同时,不难发现,国外规范对于岩体风化程度认识主要着眼于自然状态,并辅助于现场简易的测试等直观感受,如浸水、手捏易于体会和感受,且印象深刻。

据《水利水电工程地质勘察规范(2023 年版)》(GB 50487-2008)附录 H 岩体风化带划分,一般岩体风化可划分为新鲜、微风化、弱风化(中等风化)(上带、下带)、强风化、全风化,共计 5 个等级;而碳酸盐岩溶蚀风化可划分为表层强烈溶蚀风化带、裂隙性溶蚀风化带(上带、下带)、微新岩体,共计 3 个等级。

据《水力发电工程地质勘察规范》(GB 50287-2016)附录 G 岩体风化带划分,一般岩石风化可划分为新鲜、微风化、弱风化(中等风化)、强风化、全风化等 5 个级别。

英国《Code of Practice for Site Investigations》(BS 5930：1999)Section 6 Description of Soils and Rocks 中,中硬~硬岩石风化划分为新鲜、微风化、中等风化、强风化、全风化、残积土等 6 个级别;而中软~软岩石风化划分为未风化、部分强风化、明显风化、分解、残积或重塑等 5 个级别。

美国陆军师团《Geotechnical Investigations》(EM 1110-1-1804)附录 B Geological Mapping Procedures Open Excavation B-4 Examples of Foundation Maps Table B-2 Descriptive Criteria，Excavation Mapping,岩石风化划分为新鲜、微风化、中等风化、强风化、分解等 5 个级别。

国际岩石力学学会(ISRM)将岩石风化划分为未风化(w1a sounda rock)、轻微风化(w1b poorly weathered rock)、微风化(w2 slightly weathered rock)、中等风化(w3 moderately weathered rock)、强风化(w4 well weathered rock)、全风化(w5 completely weathered rock)、完全分解(w6 completely decomposed)等 7 个级别。

10.2 滑坡(landslide/landslip)

滑坡(landslide/landslip)是指在重力作用下斜坡岩土体沿底滑面发生下滑的现象。

堆积层滑坡 accumulation landslide/debris landslide
黄土滑坡 loess landslide
黏性土滑坡 cohesive landslide
碎屑岩滑坡 clastic rock landslide
填土滑坡 fill landslide
同类土滑坡 similar soil landslide
岩层滑坡 rock landslide

切层滑坡 insequent landslide
顺层滑坡 consequent landslide

深层滑坡 deep landslide
浅层滑坡 superficial landslide/shallow landslide
中层滑坡 moderately deep landslide

平推式滑坡 horizontal-push landslide
牵引式滑坡 drag-type landslide
推移式滑坡 push-type landslide

活滑坡 active landslide
死滑坡 dead landslide

封闭洼地 closed depression
滑动面 slip surface
滑动带 slip zone
滑坡舌 landslide tongue
滑坡鼓丘 landslide drumlin
滑坡体 landslide mass
滑坡周界 landslide boundary
滑坡壁 landslide cliff
滑坡床 landslide bed
滑坡台阶 landslide step
滑坡轴 landslide axis
破裂缘 rupture margin

剪切裂缝 shear crack
拉张裂缝 tension crack

10.3 崩塌(avalanche/collapse/landslip)

崩塌(avalanche/collapse/landslip)是指在重力作用下岩土体从陡峭山坡向下滚落的现象。

错断式崩塌 staggered breaking collapse
鼓胀式崩塌 distending collapse
滑移式崩塌 sliding collapse
黏性土崩塌 cohesive soil collapse
岩体崩塌 rock collapse
黄土崩塌 loess collapse
拉裂式崩塌 pull-spliting collapse
倾倒式崩塌 toppling collapse

危岩 unstable rock/perilous rock/dangerous rock
山崩 rock avalanche/ falling/landfall
坠岩 rock dropping/falling rock

10.4 泥石流(debris flow/mud-rock flow)

泥石流(debris flow/mud-rock flow)是指在山区由于暴雨或冰雪消融而形成的一种携带大量泥沙石块等固体物质的突发性洪流。

泥石流形成区 debris flow forming area/debris flow original area
泥石流流通区 debris flow flowing area
泥石流堆积区 debris flow accumulation area

标准型泥石流流域 standard type debris flow basin
河谷型泥石流流域 valley type debris flow basin
山坡型泥石流流域 hillside type debris flow basin

泥流 mud flow
水石流 water-rock flow
泥石流 debris flow/detritus stream

黏性泥石流 cohesive debris flow
稀性泥石流 diluted debris flow

低频率泥石流沟谷 low frequency debris flow gully
高频率泥石流沟谷 high frequency debris flow gully

河床外阻力系数 external resistance coefficient of riverbed
泥石流堵塞系数 blockage coefficient of debris flow
泥石流粗糙系数 roughness coefficient of debris flow
黏性泥石流粗糙系数 roughness coefficient of cohesive debris flow/cohesive debris flow roughness rate

10.5　岩溶(karst)

岩溶(karst)是指地表水和地下水对可溶性岩石的溶蚀作用及所产生的地质现象。

古岩溶 paleokarst
现代岩溶 modern karst

地下岩溶 underground karst

暗河 buried river/subdrain river/underdrain river/covered river
贝窝 scallop
边槽 notch
脚洞 footcave
晶孔 geode
流痕 flow mark
溶孔 dissolution pore
溶穴 solutional cavity
溶蚀侵蚀痕 speleogen
蚀龛 niche
石芽 stone bud/clints
石盾 cave shield/palattes
石灰华 tufa/calcareous sinter
石笋 stalagmite
石扇 stone fan
石花 cave flower
石珊瑚 stone coral
天生桥 natural bridge/ inborn arch
盐花 salt tufa
岩屋 rock shelter
悬吊岩 rock pendant
钟乳石 stalactite

【注】

地表岩溶参见地形地貌章节有关内容。

岩溶率(rate of karstification/karstification rate)是指在一定范围内岩溶空间的规模和密度的定量指标,包括点岩溶率、线岩溶率、面岩溶率和体岩溶率。

点岩溶率(point karstification rate)是指单位面积内岩溶空间形态的个数。

线岩溶率(linear karstification rate)是指单位长度上岩溶空间形态长度的百分比。

面岩溶率(surface karstification rate)是指单位面积上岩溶空间形态面积的百分比。

体岩溶率(volumetric karstification rate)是指空洞体积占测量可溶岩体积的百分比。

10.6 卸荷(unloading)

卸荷(unloading)是指由于河谷侵蚀下切或人工开挖形成新的临空面,破坏了岩体原有的应力平衡状态,岩体应力发生重分布,使浅部岩体因应力释放而向临空面方向发生回弹、松弛的现象。

卸荷类型 unloading type

卸荷带类型 unloading zone type

异常卸荷松弛 abnormal unloading and relaxation

正常卸荷松弛 normal unloading and relaxation

强卸荷带 highly unloading zone

弱卸荷带 weak unloading zone

深卸荷带 deep unloading zone

I 型卸荷裂隙 type I unloading crack

II 型卸荷裂隙 type II unloading crack

拉裂区 tensile fracture zone

压致拉裂区 pressuring-tensile fracture zone

张剪型破裂区 tension shear fracture zone

剪切松弛型卸荷区 shear relaxation unloading zone

高应力区 high stress zone
应力降低区 stress reducting zone
应力增高区 stress increasing zone
原始应力区 original stress zone

10.7 蠕变(creep)

蠕变(creep)是指斜坡岩体的蠕动变形现象,它是在上部岩体的重力作用下,使表部岩层发生长期而缓慢的变形和松动的现象。

初始蠕变阶段 initial creep stage
等速蠕变阶段 equal rate creep stage/constant-rate creep stage
加速蠕变阶段 accelerated creep stage
过渡蠕变阶段 transitional creep stage
稳态蠕变阶段 steady state creep stage

岩体蠕变基本类型 basic types of rock mass creep
溃屈 buckling
倾倒 toppling
张裂 tension crack

岩体蠕变破坏模式 rock mass creep failure mode
阶梯状正断型错位 stepped normal fault dislocation

连续折断 continuous fracture
倾倒变形 toppling deformation

岩层张裂 rock layer tensile fracturing
岩层架空 rock formation overhead
岩层错位 rock bed dislocating

岩体挠曲变形 rock mass flexural deformation
岩体弯曲蠕变 rock mass bending creep

第 11 章　工程钻探(engineering drilling)

工程钻探(engineering drilling)是指在工程地质勘察中,用钻机按照一定设计角度和深度施工钻孔,通过钻孔采取岩芯或在孔内安装相关测试仪器,以探查地下工程地质和水文地质条件。

岩石可钻性 rock drillability
总岩芯采取率 total core recovery(TCR)(%)
固体岩芯获得率 solid core recovery(SCR)(%)
岩石质量指标 rock quality designation(RQD)(%)

钻场 drill site
漂浮钻场 floating drill field
钢索桥钻探 cable bridge drilling
冰上钻探 drilling on ice
近海钻探 offshore drilling
水上钻探 drilling on water

覆盖层钻探 overburden drilling
基岩钻探 bedrock drilling

大口径钻探 large diameter drilling
钻探安全生产 drilling safety production

【注】
总岩芯采取率(total core recovery)是指在回次钻进中,采取岩芯段累计长度与

该回次进尺的百分比(ratio of core recovered(solid and non intact)to length of core run)。

固体岩芯获得率(solid core recovery)是指在回次钻进中,采取比较完整岩芯段累计长度与该回次进尺的百分比(ratio of solid core recovered to length of core run)。

岩石质量指标(rock quality designation)是指在回次钻进采取岩芯中,长度大于 10 cm 的岩芯段累计长度之和与该回次进尺的百分比(ratio of solid core pieces longer than 100 mm to length of core run)。

11.1　钻进方法(drilling approaches)

钻进方法(drilling approaches)是指在工程钻探中所采用的施钻方法和手段。

搬迁 mobilization

表镶金刚石回转钻进 surface mounted diamond rotary drilling

冲击钻进 percussion drilling

冲击回旋钻进 percussion-rotary drilling

反循环钻进 reverse circulation drilling

钢粒钻进 steel particle drilling

回转钻进 rotary drilling

金刚石钻进 diamond drilling

金刚石冲击回转钻进 diamond percussion rotary drilling

空气潜孔锤钻进 air down the hole hammer drilling

螺旋钻进 auger drilling

取芯钻孔 core borehole

全断面反循环钻进 full face reverse circulation drilling

取芯钻进 core drilling

绳索取芯钻进 wire-line core drilling

硬质合金钻进 tungsten-carbide drilling/hard metal drilling

硬质合金冲击回转钻进 tungsten-carbide percussion-rotary drilling/hard metal percussion rotary drilling

孕镶金刚石回转钻进 impregnated diamond rotary drilling

应力解除掏芯钻探 stress relief core drilling

振动钻进 vibro drilling

振动回旋钻进 vibro-rotary drilling

钻粒钻进 shot drilling

11.2 钻探设备(drilling equipments)

钻探设备(drilling equipments)是指用于钻探施工工作的特定机械装置和设备，包括钻机、泥浆泵、钻塔等。

标准贯入器 standard penetrometer
长期观测装置 long term observation device
沉淀管 sediment tube/mud tube
抽筒 bailer
挡板 retainer
掉锤 down hammer
定向钻进钻具 directional drilling tools
定向靴 mule shoe
钢丝绳冲击钻具 cable percussion tools
管夹 pipe clamp/tube clamp
管靴 pipe shoe
隔板 spacer
过滤管 screen pipe
活动工作平台 mobile working platform
夹持器 clamp
接头 joint
接箍 coupling
孔口管 conductor pipe
扩孔器 reaming shell
立柱、立根 stand column
螺旋钻机 spiral drilling machine
麻花钻 twist drill
纵槽 pod
泥浆泵 mud pump/slush pump
泥浆搅拌机 mud mixer
拧卸机具 making-up tools/breaking-out tools
偏斜器 deflecting wedge/whipstock
偏斜靴 deflecting shoe
潜孔锤 down the hole hammer
双壁钻杆 dual-wall drill pipe
绳索取芯钻杆 wire-line drill rod
水龙头 water swivel
套管 casing
套管靴 casing shoe
套管接头 casing joint
弯接头 bent joint
弯管 bend
岩芯管 core barrel
转换接头 adapter
钻机 drill
钻杆 drill rod/drill pipe
钻斗 bucket
钻杆接头 drill rod joint
钻塔 derrick/mast
钻探机组 drilling set

取芯钻具 coring tools

单管取芯钻具 single tube coring tools
单动双管取芯钻具 single acting double tube coring tools
双管取芯钻具 double tube coring tools
双动双管取芯钻具 double acting double tube coring tools
绳索取芯钻具 wire-line coring tools
无泵孔底反循环钻进 bottom reverse circulation drilling without pump

敞口 open
固定活塞 fixed piston
水压固定活塞 hydraulic fixed piston
自由活塞 free piston

硬质合金镶嵌角 carbide inlay angle
硬质合金刃尖角度 carbide tip angle

硬质合金钻头切削具 carbide bit cutting tool
内出刃 inside blade
外出刃 outside blade
底出刃 bottom blade

穿心锤 penetration hammer/mace
触探杆 feeler rod
锤垫、锤击端 tapping head/hitting head
带有排水孔贯入器头 penetrometer head with discharging water hole
导向杆 guide rod
具有刃口贯入器靴 penetrometer shoe with blade
落距 drop height
自动落锤装置 automatic drop hammer device

11.3　钻孔(drilling bore)

钻孔(drilling bore)是指根据地质或工程师要求钻成的柱状圆孔。
冲孔 punching bore
残留岩芯 residual core

顶角 drift angle
方位角 azimuth
封孔 hole sealing
机上余尺 kelly overstand
竣工验收 completion acceptance
开孔 trepanning bore
孔径 aperture/hole diameter
孔口 orifice
孔深 hole depth
平硐钻孔 adit borehole
缩孔 shrinking bore
下钻 running in
岩芯柱 core column
岩芯块 core segment
岩芯堵塞 core blockage
岩芯脱落 core fall off
止水 sealing up/water stop
钻进 drilling
钻探 probe drilling/drilling
钻孔 drill hole/bore-hole/well-bore
钻孔顶角 drift angle of drilling hole
钻孔倾角 dip angle of drilling hole
钻孔结构 hole structure
钻孔偏斜 hole deviation

垂直孔 vertical hole
斜孔 inclined hole/slant hole/angle hole
水平孔 horizontal hole
定向孔 directional hole

开孔孔径 initial hole diameter
终孔孔径 final hole diameter

【注】

《Code of Practice for Site Investigations》(BS 5930: 1999)有关钻孔孔径标准如下。

钻孔规格代号 (Ref. on borehole record)	岩芯管设计 (core barrel design)	名义岩芯直径(mm) (Nominal diameter of core)	名义孔径(mm) (Nominal diameter of hole)
BS 4019:1974 型号			
B	BWF,BWG 或 BWM	42.0	60.0
N	NFW,NWG,NWM	54.5	76.0
H	HWF 或 HWG(HWAF)	76.0(70.5)	99.0
P	PWF	92.0	121.0

续表

钻孔规格代号（Ref. on borehole record）	岩芯管设计（core barrel design）	名义岩芯直径(mm)（Nominal diameter of core）	名义孔径(mm)（Nominal diameter of hole）
S	SWF	112.5	146.0
U	UWF	140.0	175.0
Z	ZWF	165.0	200.0
复合型号			
TBX	TBX(薄壁)(thin wall)	45.0	60.0
TNX	TNX(薄壁)(thin wall)	61.0	76.0
NQ3	NQ3(三层管绳索)(triple tube wireline)	45.0	76.0
NQ	NQ(绳索)(wireline)	47.5	76.0
HQ	HQ(绳索)(wireline)	61.0	99.0
PQ	PQ(绳索)(wireline)	83.0	121.0
NMLC	NMLC(三层管)(triple tube)	52.0	76.0
HMLC	HMLC(三层管)(triple tube)	63.5	99.0
Mazier		75.0	101.0
		108.0	146.0
米制型号			
T2 56	T2 56	42.0	56.0
TT 56	TT 56	45.5	56.0
T6 66	T6 66	47.0	66.0
T2 66	T2 66	52.0	66.0
T6 76	T6 76	57.0	76.0
T2 76	T2 76	62.0	76.0
T6 86	T6 86	67.0	86.0
T2 86	T2 86	72.0	86.0
T6 101	T6 101	79.0	101.0
T2 101	T2 101	84.0	101.0
T6 116	T6 116	93.0	116.0
T6 131	T6 131	108.0	131.0

续表

钻孔规格代号（Ref. on borehole record）	岩芯管设计（core barrel design）	名义岩芯直径（mm）（Nominal diameter of core）	名义孔径（mm）（Nominal diameter of hole）
Geobor S	SK6 L	102.0	146.0
T6 146	T6 146	123.0	146.0

注：TT 表示超薄提水筒（extra thin wall water barrel），T2 表示提水筒（water barrel），T6 表示泥浆/水（mud/water），SK 表示绳索筒空气/水/泥浆（wireline barrel air/water/mud）。

11.4 钻进（drilling/boring）

钻进（drilling/boring）是指钻头钻入地层或其他介质形成钻孔的过程。

11.4.1 钻头（bit）

钻头（bit）是指在钻探过程中直接破碎孔底地层或其他介质的专用工具。

大八角钻头 big octagonal bit

不取芯钻头 non-core bit

冲击式钻头 percussion bit

单双粒钻头 single and double bit

复合片钻头 polycrystalline diamond compact bit（PDC bit）

刮刀钻头 drag bit

金刚石扩孔器 diamond reaming shell

金刚石表镶钻头 diamond tipped bit

金刚石粒度 diamond size/diamond grit

阶梯式肋骨钻头 stepped bone aid bit

扩孔钻头 reaming bit

犁式密集钻头 plough type compact bit

螺纹钻头 screw bit

取芯钻头 core bit

人工金刚石孕镶钻头 artificial diamond impregnated bit

套管钻头 casing bit

硬合金钻头 hard-metal bit/carbide bit

针状硬合金钻头 pin type carbide bit

直角薄片钻头 right angle slice bit

钻粒钻头 shot drill bit

金刚石钻头 diamond bit
唇面形状 profile/kerf
内水槽 inside water ways/inside water channels
外水槽 outside water ways/outside water channels
刚体 blank
水口 water way
胎体 matrix

11.4.2　钻进技术(drilling technique)

钻进技术(drilling technique)是指钻孔施钻所采用的钻进方法、钻具和工艺的综合。

不提钻换钻头钻进 retrievable bit drilling/without drill string lifting
反循环钻进 reverse circulation drilling
反循环连续取芯钻进 reverse circulation core drilling
喷射钻进 jet drilling
绳索取芯钻进 wire-line core drilling

钻进参数 drilling parameters
冲击频率 percussion frequency
冲击高度 percussion height
冲洗液量 flow rate/pump discharge
工作泵压 pump working pressure
每转进尺量 penetration per revolution
钻压 weight on bit(WOB)/bit press
转速 rotary speed

11.4.3　冲洗液(flushing fluid)

冲洗液(flushing fluid)是指在钻进过程中，为满足钻头钻进等各方面需求而向孔内注入的钻进冲洗液体。

冲洗液量 flow rate/pump discharge
冲洗液 flushing fluid
泥浆 mud fluid
气体混合液 gas and liquid mixture
润滑冲洗液 lubricating flushing fluid
无黏土冲洗液 non-clay flushing fluid

正循环 direct circulation
反循环 reverse circulation

泥浆材料 mud materials
处理剂 inorganic agent

起泡剂 emulsifier
乳化剂 foaming agent
润滑剂 lubricant
稀释剂 thinning agents/thinner
絮凝剂 flocculant
制浆黏土 mud-forming clay
增黏剂 viscosifier

11.4.4 取样(sampling)

取样(sampling)是指从钻孔内采取岩土样品进行室内试验的工作。

干钻 dry drilling
清孔 hole cleaning/cleanout

取土器 soil sampler
薄壁取土器 thin wall sampler
敞口取土器 open sampler
单动三重管 single acting triple tube
厚壁取土器 thick wall sampler
二重管回转取土器 double tube rotary sampler
贯入式取土器 penetration sampler
回转式取土器 rotary sampler
双动三重管 double acting triple tube
三重管回转取土器 triple tube rotary sampler

重锤少击方式 heavy hammer less strike mode
间断静压方式 intermittent static pressure mode
快速、连续静压方式 rapid continuous static pressure mode

钻孔取样 sampling from borehole

土样 soil sample
重塑样 remoulded sample
扰动土样 disturbed soil sample
原状土样 undisturbed soil sample

土样质量等级 soil sample quality grade
不扰动(I 级) undisturbed soil sample(class I)
轻微扰动(II 级) slightly disturbed soil sample(class II)
显著扰动(III 级) significant disturbed soil sample(class III)
完全扰动(IV 级) complete disturbed soil sample(class IV)

水样 water sample
岩样 rock sample
岩芯样 rock core sample
岩块样 rock block sample

11.4.5 孔斜(hole deviation)

孔斜(hole deviation)是指钻孔的实际轴线偏离设计轴线的位移。
钻孔空间要素 geometric factors of hole
方位角弯曲强度 deviation intensity of azimuth
顶角弯曲强度 deviation intensity of drift
均角法 average angle method
倾角 inclination angle/dip angle
全曲率 total curvature
曲率半径法 radius of curvature method
终点角 terminal angle
钻孔弯曲平面 hole deviation plane
钻孔偏斜 hole deviation

控制钻孔偏斜钻具 drill tool for controlling hole deviation
减斜钻具 angle dropping drill tool
稳斜钻具 angle maintenance drill tool
增斜钻具 angle build-up drill tool

钻孔偏斜测量 hole deviation survey
悬垂测量法 plumb-bob method
地磁场定向测量法 directional survey with magnetic compass
惯性定向测量法 inertial directional survey
循环测量法 continuous interval survey
液面水平测量法 liquid level survey

11.4.6 孔内事故(down-hole trouble)

孔内事故(down-hole trouble)是指造成孔内钻具正常工作中断的突发情况。
掉钻 rod drop/falling bit
断管 broken pipe
卡钻 rod stuck
埋钻 drill rod burying
跑钻 rundown of drill string
烧钻 bit burnt

套管事故 casing trouble

事故处理工具 accident handling tools
打捞筒 catching bell
吊锤 hammer
反管器 backturn device
割管器 drill pipe cutter
千斤顶 jack
矢锥 tap
液动捞管器 hydraulic drill pipe catcher
震击器 jar

11.5 技术指标（technical index）

技术经济指标（economic technical index）是指用于描述钻进状态和过程的各种技术参数。

纯钻进时间 penetrating time/pure drilling time/actual bit on bottom time
辅助工作时间 auxiliary operation time
回次 round trip
回次时间 round trip time
回次进尺 round trip meterage
回次钻速 drilling speed per round trip
机械钻速 rate of penetration
日常进度报告 daily progress report
事故及待工时间 trouble and waiting time
原始记录 original record
原始报表 original report
钻机利用率 rate of operating rigs
钻头寿命 bit life
钻头进尺 bit meterage
钻探工作量 amount of drill working
钻探效率 penetration rate
钻探施工期 drilling time
钻探总台时 total rig time
钻孔进尺 drilling meterage
钻孔质量指标 index of hole quality
钻进速度 drilling speed
钻月进尺 meterage per drill working-month
钻月效率 rate per drill working-month

台班数 amount of rig-shift
台班效率 rate per rig-shift
台班进尺 meterage per rig-shift
台年进尺 meterage per rig-year
台月进尺 meterage per rig-month
台月效率 rate per rig-month

第 12 章　工程物探
（engineering geophysical prospecting）

工程物探（engineering geophysical prospecting）是指在工程勘察中用于探查工程地质、水文地质和各种介质的地球物理特征的一种物理勘探工作。

触探 sounding

物探 geophysical prospecting/geophysical exploration

12.1　测试方法（testing method）

测试方法（testing method）是指在工程物探测试中所采用的各类技术方法和手段。

EH4 测试 EH4 testing

SD1 线 EH4 卡尼亚表观电阻率剖面 EH4 Cagniard apparent resistivity profile of SD1 line

层析成像 computerized tomography（CT）/tomography

超声测试 ultrasound test

充电法 mise-a-la-masse method

垂直反射法 vertical reflection method

地电阻率测试 ground resistivity test

地震折射测试 seismic refraction test

电阻率测试 resistivity test

电测深法 electrical sounding

电剖面法 electrical profiling

放射性测试 radioactivity survey

高密度电法测试 high density electrical test

孔内光学电视（孔内光学影像测井）aperture optical televiewer

环境放射性检测 environmental radioactivity detection

激发极化法 induced polarization method

可控源音频大地电磁测深法 controlled source audio frequency magnetotellurics sounding(CSAMT)

孔内地震波测试 down-hole seismic survey

孔内电视 aperture television/TV test in hole/digital optical televiewer/digital optical scanner

平硐与地面直波透视 direct wave tomography(DWT)between the adits and surface

瑞雷波法 Rayleigh wave method

声波电视测试 acoustic televiewer test

孔内声波电视(孔内声波影像测井)aperture acoustic televiewer

瞬变电磁法 transient electromagnetic method(TEM)

水声勘探 sonic echo exploration

探地雷达法 ground penetrating radar(GPR)

弹性波测试 elasticity wave testing

浅层地震折射波法 shallow seismic refraction method

浅层地震反射波法 shallow seismic reflection method

同位素示踪法 isotope tracer method

微震测试 microtremor measurement

氧化还原电位 redox potential　　自然电场法 self-potential(SP)

钻孔成像 borehole imaging

综合测井 comprehensive logging

【注】

孔内声波电视(孔内声波影像测井，acoustic televiewer(ATV))是指利用声波方法测绘钻孔孔壁影像，因为对于光而言，钻孔内水较为浑浊。

An acoustic televiewer was used to map the borehole where the borehole water was too opaque for optical method.

孔内光学电视(孔内光学影像测井，optical televiewer(OTV))是指在钻孔干燥部分或在钻孔水位以下(如果水足够透明)利用光学成像方法测绘钻孔侧壁影像。

The logging consisted of optical televiewer mapping of the borehole sidewall in the dry portion of the borehole, or below the water level in the borehole if the water was sufficiently transparent.

12.2 仪器与设备(equipments and devices)

仪器与设备(equipments and devices)是指在工程物探测试中所采用的各类仪器和设备。

地震仪 seismograph
地震波 CT 仪 seismic wave CT instrument
电磁波 CT 仪 electromagnetic wave CT instrument
多功能直流电法仪 multifunction direct current meter
辐射仪 radiometer
检波器 detector/receiver
雷达 radar
井斜仪 inclinometer
滤波器 filter
模拟测井仪 analog logging instrument
声波仪 acoustic instrument
声波 CT 仪 acoustic CT instrument
数字测井仪 digital logging instrument
探测器 detector

半衰时 half-life time/half decay time
背景值 background value
采样率 sampling rate
采样长度 sampling length
极差系数 range coefficient
视极化率 apparent polarizability
衰减度 attenuation
异常值 abnormal value/anomaly

数据采集 data acquisition
数据处理 data processing
数据解译 data interpretation

12.3 电法勘探(electric prospecting)

电法勘探(electric prospecting)是指根据岩体之间电磁性质的差异,利用仪器观测天然或人工电场变化,以查明地质情况的一种物探方法,包括电测深法、电剖面法、高密度电法、自然电场法、充电法、激发极化法、可控源音频大地电磁测深法等。

不极化电极 non-polarizing electrode
场强 field strength

场源 field source
测点 measure point
测站 probe station
测线转折点 turning point probe line
磁通道 magnetic channel
等电位点 equipotential point
地质界面 geological interface
电位法 potentiometry
电性界面 electrical interface
电性模型 electrical mode
电化学反应 electrochemical reaction
电偶极子场 electric dipole field
重复观测 repeated observation
测线 probe line
测线端点 end point of probe line
磁偶极子场 magnetic dipole field
导线长度 traverse length
等电位圈 equipotential circle
电通道 electrical channel
电性差异 electrical difference
电性标志层 electrical key bed
电极距 electrode distance
电荷效应 charge reaction
点距 dot distance
定性解译 qualitative interpretation
定量解译 quantitative interpretation
二维解译 two dimensional interpretation
发射 radiate
分基点 sub-basic point
观测 observation
环形观测 circular observation
校正 check
接收 receive
绝缘 insulation
旅行时 traveltime
盲区 blind zone/shadow zone
目的层 object formation/target zone
跑极方向 direction of moving electrode
散点抽检 spot check
反演 inversion
干扰 interfere
环形电测深 loop-shaped sounding
检查观测 reviewing observation
接地 grounding
基点 basic point
滤波处理 filter processing
漏电 electric leakage
目的体 object
畸变点 distortion point
频点 frequency point
三极测深 three-pole fathom
四极测深 symmetrical four-pole sounding
十字形电测深 cross electrical sounding
梯度法 gradient method
线框 wireframe
异常 anomaly
异常范围 abnormal range
线距 line spacing
信号 signal
异常幅度 abnormal amplitude
异常极化体 anomalous polarizer

正演 forward modeling
周边介质 peripheral media

12.4 探地雷达(ground penetrating radar,GPR)

探地雷达(ground penetrating radar, GPR)是指利用雷达发射天线向地下发射高频脉冲电磁波,由接收天线接收目标体的反射电磁波,探测目标体分布的一种勘探方法。

测网 probe network
地形校正 topographic correction
电场极化方向 polarization direction of electric field
点平均 point average
叠加功能 overlay function
多天线法 multi antenna method
反褶积 deconvolution
分体天线 split antenna
环形法 ring method/loop method
归一化 normalization
角度滤波 angle filtering
宽角法 wide angle method
空间滤波 spatial filtering
孔中雷达 borehole radar
空气耦合天线 air coupled antenna
偶极天线 dipole antenna
频率滤波 frequency filtering
屏蔽层 shielding layer
偏移归位 migration and homing
剖面法 profiling method
筛查 screening
识别 identification
天线间距 antenna spacing
透射法 transmission method
有效穿透距离 effective penetration distance
张角 field angle/flare angle
增益调整 gain adjustment
追踪 tracing

12.5 地震勘探(seismic exploration)

地震勘探(seismic exploration)是指用人工激发的地震波在弹性和密度不同的地层内传播规律来探测地下地质情况的一种物探方法。

层状介质 layered media
单边排列 unilateral arrangement
地震脉冲 seismic pulse
反射波波组 reflection wave group
防水性能 waterproof performance
干扰波 interference wave

临界角 critical angle
内外触发 internal and external trigger
频散曲线 dispersion curve
似层状介质 stratoid media
时间差法 time difference method
双边排列 bilateral arrangement
信号增强 signal enhancement
有效波 effective wave
延时 time-delay/time-lapse
灵敏度 sensitivity
能量 energy
平均速度 average velocity
时距曲线 time-distance curve
数字采集 digital acquisition
前置放大 preamplifier
信噪比 sigal-to-noiseratio
有效速度 effective velocity
主频 main frequency

爆炸震源 explosive source
落重震源 falling gravity source
锤击震源 hammering source

单支时距曲线 single time distance curve
相遇时距曲线 reverse control hodograph
追逐时距曲线 chasing time distance curve
多重时距曲线 multiple time distance curve
非纵测线 non longitudinal line

稳态瑞雷波法 steady Rayleigh wave method
瞬态瑞雷波法 instantaneous Rayleigh wave method

互相关法 cross correlation method
频率波数域法 frequency wavenumber domain method
空间自相关法 spatial autocorrelation method
相位差法 phase difference method

交点法 intersection method
圆法 circle method
椭圆法 ellipse method
时间场法 time field method

12.6 弹性波测试(elastic wave testing)

弹性波测试(elastic wave testing)是指利用弹性波运动学和动力学特征对岩土体或混凝土进行波速测试或缺陷探测的方法。

地震波法 seismic wave method
声波法 sonic method

单孔声波 single hole sonic method
穿透声波 penetrating sonic method
表面声波 surface sonic wave
声波反射 sonic reflection
脉冲回波法 pulse echo method

地震测井 seismic logging
穿透地震波速测试 penetrating seismic wave velocity measurement
连续地震波速测试 continuous seismic wave velocity measurement

干孔声波探头 dry hole sonic probe
平面声波探头 plane sonic probe
双收声波探头 dual receiver sonic probe

波列分析 wave train analysis
井液耦合 well fluid coupling
耦合剂 couplant
探头 probe/detector
探棍 probe stick
电缆 cable
剪切锤震源 shear hammer source
频谱分析 spectrum analysis
探孔 probe hole

12.7 层析成像(computerized tomography, CT)

层析成像(computerized tomography, CT)是指利用弹性波或电磁波的透射原理，对被测区域进行断面扫描，重建介质的波速或能量吸收图像的方法。

电磁波吸收系数层析成像(电磁波 CT)electromagnetic wave absorption coefficient computerized tomography(electromagnetic wave CT)

弹性波速度层析成像 elastic wave velocity computerized tomography

地震波速度层析成像（地震波 CT）seismic wave velocity computerized tomography（seismic wave CT）

声波速度层析成像（声波 CT）sonic wave velocity computerized tomography（sonic wave CT）

多边观测系统 multilateral observation system
双边观测系统 bilateral observation system
三边观测系统 trilateral observation system

定点扇形扫描 fixed point sector scanning
水平同步观测 horizontal synchronous observation
斜同步观测 oblique synchronous observation

发射点 emission point
接收点 receiving point

单频观测 single frequency observation
多频观测 multifrequency observation

联合迭代技术 simultaneous iterative reconstruction technique（SIRT）
共轭梯度 conjugate gradient（CG）
奇异值分解 singular value decomposition（SVD）
阻尼最小二乘法 damped least square method（DLSM）

CT 图像 CT image
CT 解译成果图 CT interpretation map
迭代 iterative
反演迭代次数 inversion iterations
射线追踪 ray tracing
射线分布图 ray distribution map
数学物理模型 mathematical physical model

伪差 spurious error/pseudo-difference/artifact
异常突变点 abnormal mutation point

12.8 水声勘探(hydro-acoustic echo exploration)

水声勘探(hydro-acoustic echo exploration)是指利用声波反射原理专门探测水底地形地貌和进行水下地层分层的一种勘探方法。

GPS 定位测量 GPS positioning survey
波阻抗 wave impedance
测船 survey ship
吃水深度 draft
发射探头 emission probe/transmitting probe
分体探头 split probe
接收探头 receiving probe
实时动态测量 real time dynamic measurement
拖鱼型探头 drag fish probe
振荡次数 oscillation number
最小工作水深 minimum working depth

12.9 放射性测量(radioactivity survey)

放射性测量(radioactivity survey)是指利用介质的天然或人工放射性特征进行勘探的方法。

α 射线测量 α ray test
环境氡浓度测量 environmental radon concentration measurement
同位素示踪 isotope tracing
自然伽马测量(伽马测量或 γ 测量) natural gamma survey(gamma survey or γ exploring)

角响应 angle response
能量响应 energy response

单孔稀释法 single hole dilution method
单孔示踪法 single hole tracing method
多孔示踪法 multihole tracing method

脉冲计数仪 pulse counter
率计式辐射仪 ratemeter radiometer

氡浓度 radon concentration
平衡当量氡浓度 equilibrium equivalent radon concentration

半衰期 half life
测网密度 network density
地面本底 ground background
静电 α 卡 static electricity α card
年有效剂量当量 annual effective dose equivalent
涨落误差 fluctuation error

12.10　综合测井(comprehensive logging)

综合测井(comprehensive logging)是指采用两种或两种以上的地球物理测井技术,测量钻孔中介质的物理特性的综合探测方法。

磁化率测井 magnetic susceptibility logging
地震测井 seismic logging
电测井 electric logging
电磁波测井 electromagnetic wave logging
放射性测井 radioactive logging
井径测量 well diameter measurement/caliper logging
井斜测量 well inclination measurement
井中流体测量 borehole fluid measurement
孔壁超声成像 ultrasonic imaging of hole wall
雷达测井 radar logging
声波测井 sonic logging
温度测井 temperature logging
钻孔电视观察 borehole TV observation

平差 adjustment

第 13 章　工程测量(engineering survey)

工程测量(engineering survey)是指工程建设勘测、设计、施工和管理阶段所进行的各种测量工作。

13.1　测量仪器(survey instruments)

测量仪器(survey instruments)是指为了获取目标物某些属性值而采用的器具。

2″级仪器 2″ class instrument

5 mm 级仪器 5 mm class instrument

反光镜 reflector

横基尺 subtense bar

激光经纬仪 laser theodolite

经纬仪 theodolite

全站仪 total station

水准仪 level

三脚架 tripod

无人机 unmanned air vehicle/drone

航空辐射仪 airbone radiometer

激光水准仪 laser level

激光准直仪 laser collimator

平板仪 plane-table

曲线仪 curvimeter

水准尺 leveling rod

直角坐标仪 coordinatograph

电磁波测距仪 electromagnetic wave distance measuring instrument(EDMI)

光电测距仪 electro-optical distance meter(EDM)

红外测距仪 infrared distance meter

微波测距仪 microwave distance measuring instrument

13.2　平面控制测量(horizontal control survey)

平面控制测量(horizontal control survey)是指在一定范围内建立各级平面控制网,确定控制点在投影面上的平面直角坐标的测量工作。

测站点平面控制 survey station horizontal control
基本平面控制 basic horizontal control
图根平面控制 mapping horizontal control

测量等级 survey class/measurement level

GNSS 测量 Global Navigation Satellite System survey
导线测量 traverse survey
三角形网测量 triangular control network survey

3° 带 3° belt/3° zone
3° 带投影 3° delt projection
测量标志 survey mark
闭合差 closure error
标石 markstone
传距边 side for transferring length
传距角 angle for transferring length
导线点 traverse point
导线网 traverse network
大地点 geodetic point
大地控制点 geodetic control point
固定误差 fixed error
动态控制测量 dynamic control survey
比例误差 scale error
静态作业模式 static operation mode
基本平面控制 basic horizontal control
埋石 burying stone
平面控制网 horizontal control network
施工控制网 construction control network
施工坐标系 construction coordinate system
水平角 horizontal angle
三角导线 triangular traverse
三角点 triangulation point
三角形网 triangular network

三边测量 trilateration survey
自由设站测量 free-station survey
坐标系统 coordinate system

闭合导线 closed traverse
环形导线 loop traverse
附合导线 connecting traverse

三等导线 the third order traverse
四等导线 the fourth order traverse
五等导线 the fifth order traverse

卫星定位测量 satellite positioning survey
卫星定位测量控制网 satellite positioning survey control network

13.3 高程控制测量(elevation control survey)

高程控制测量(elevation control survey/vertical control survey)是指在测区内为施测某种比例尺地形图而进行的首级高程控制测量工作。

测站点高程控制 survey station vertical control
基本高程控制 basic vertical control
图根高程控制 mapping vertical control

GNSS 测量 Global Navigation Satellite System survey
光电测距三角高程测量 electro-optical distance measurement trigonometric leveling

测回数 observation position number
对向观测 opposite observation
高程系统 elevation system
高程控制测量精度 elevation control survey accuracy
高程控制网 elevation control network
觇标 target
间接高程测量 indirect leveling survey
较差 differential
联测点 joint-observation points
拟合高程 fitting elevation
水准测量 leveling

水准点 bench mark
水准路线 leveling line
三角高程测量 trigonometric leveling
三角高程路线 trigonometric leveling line

一等水准 the first order leveling
二等水准 the second order leveling
三等水准 the third order leveling
四等水准 the fourth order leveling
五等水准 the fifth order leveling

卫星定位高程测量 satellite positioning elevation survey

13.4　地形测量(landform survey/topographic survey)

地形测量(landform survey/topographic survey)是指使用测量仪器按一定的程序和方法,根据地形图图式规定的符号,按一定的比例尺将地物、地形地貌测绘在图纸上的测量工作。

1. 常规测量(regular survey)

北纬 north latitude
参考椭球 reference ellipsoid
磁方位角 magnetic azimuth
大地水准面 geoid
大地原点 geodetic datum
地貌点 land feature point
地物 planimetric feature/ground object
地物点 planimetric point
地图图式 cartographic symbol
地形线 surface line
地形线 terrain line
地形、地域 terrain
地形图测量 topomap survey/topographic map survey
等高线 contour
等高距 contour interval
东经 east longitude
动吃水 dynamic draft
独立坐标系 independent coordinate system
方位角 azimuth
高斯-克吕格投影 Gauss-Kruger projection
极坐标网 polar coordinate net
基站 base station
界桩测量 boundary marker survey
假定坐标系 assumed coordinate system

静吃水 static draft
平差值 adjusted value
山谷线 valley line
山脊线 crest line
识别码 identification code
视差 parallax
示坡线 slope line
水准基点 bench-mark
碎部点 detail point
特征码 feature code
图形元素 graphic element
坐标 coordinate
真值 true value
最或然值 most probable value

点状符号 point symbol
面状符号 area symbol
线状符号 line symbol

高程 elevation
绝对高程 absolute elevation
相对高程 relative elevation

子午面 meridian plane
本初子午线 prime meridian
中央子午线 central meridian
磁子午线 magnetic meridian

精密度 precision
精确度 exactness
可靠性 reliability
准确度、精度 accuracy
置信度 confidence

误差 error
绝对误差 absolute error
偶然误差 accident error
平均误差 average error
随机误差 random error
相对误差 relative error
系统误差 systematic error
允许误差 acceptable error
最大误差 maximum error

标准差 standard error
均方差 mean squared error
方根差 root-square deviation
限差 tolerance

全球卫星定位系统 global positioning system(GPS)

数字地形图 digital topographic map
纸质地形图 paper topographic map

2. 图根控制测量(mapping control survey)

首级控制 primary control/the first control
图根导线测量 mapping traverse survey
图根高程测量 mapping elevation survey/mapping height control survey
图根水准测量 mapping control leveling/mapping leveling survey
图根三角高程测量 mapping trigonometric leveling
图根控制 mapping control
图根点 mapping point
图根控制点 mapping control point

交汇点 intersection point
交汇法 intersection method
前方交汇 forward intersection
后方交汇 rear intersection
侧方交汇 side intersection

3. 无人机测量(drone survey)

刺点 punctum
单镜头 single shot
搭载设备 carrying equipment
多旋翼无人机 multi-rotor drone
仿地飞行 liplan topography flight with a constant relative height/rocky capture flight with a constant relative height/imitating topography flight with a constant relative height
仿地正射 pseudo earth orthomorphism
飞行平台 flight platform
飞行时间 flight time
固定翼无人机 fixed wing drone
航高 flight height
航摄相机 aerial camera
环绕仿地飞行 encircling rocky capture
三维倾斜摄影测量 three dimensional oblique photogrammetry
五镜头 five shots
续航时间 endurance time
像素 pixels
像控点 image control point

4. 摄影测量(photogrammetry)

边界数据 boundary data
波段 band
多基线地面立体摄影测量 multi-baseline ground stereo photogrammetry
重叠度 overlap degree
地面分辨率 ground resolution
格网点 grid point
航摄分区 aerial partition
航线 flight route
灰阶 gray level
摄影站 photo station
摄影基线 photographic baseline
特征点数据 feature point data
像片控制点 photo control point
相对中误差 relative root mean square error
中误差 root mean square error(RMSE)

5. 地面激光扫描(ground laser scanning)

参数检校 parameter calibration
地面激光扫描测量 ground laser scanning survey
点云 point cloud
点云数据 point cloud data
调绘 annotation
反射率 reflectivity
模型贴 model paste
扫描基站 scanning base station
扫描距离 scanning distance
扫描间隔 scanning interval
振动源 vibration source
坐标转换 coordinate transformation

13.5 施工测量(construction survey)

施工测量(construction survey)是指在施工阶段各种工程所进行的测量工作,包括施工控制网测量、施工放样、竣工测量及变形观测等。

变形观测 deformation observation/deformation measurement/deformation monitoring
竣工测量 as-built survey/acceptance survey/survey after finishing construction
施工控制网测量 construction control network survey
施工放样 setting out for construction/staking-out

场区控制测量 site control survey
场区平面控制网 site horizontal control network
场区高程控制网 site elevation control network

安装测量 erection survey
布网法 netting method
场区三角网测量 site triangular network survey
场区导线测量 site traverse survey
单三角形法 single triangle method
贯通测量 through survey
贯通误差 through error
基本导线 primary traverse
建筑方格网 building square grid
建筑物施工放样 buildings setting out for construction
角度交会法 angular intersection method
立模测量 setted up formwork measurement
临时界桩 nonmonumented boundary peg
永久界桩 monumented boundary peg
前方交会法 forward intersection method
曲线放样 layout of curve
施工导线 construction traverse
微三角形法 exiguous triangle method
轴线法 axis method
中线测量 center line survey

施工平面控制网 construction horizontal control network
卫星定位测量控制网 satellite positioning survey control network
导线网 traverse network
三角形网 triangular network

13.6 工程地质测绘（engineering geologically mapping）

工程地质测绘（engineering geologically mapping）是指与工程有关的各种地质现象的调查测量工作。

V 字形法则 V-shape rule
标志层 key bed
补测 supplementary survey
测绘范围 mapping area/survey area
测绘精度 mapping precision/survey precision
测绘比例 mapping scale/survey scale
测绘卡片 mapping sheet
穿越法 traverse method
带宽投影法 bandwidth projection method
地质观测点 geological observation spot
地质测绘线路 geological observation route/geological mapping route
地质素描 geological sketch
地质信息数据库 geological information database
地质观测点密度 geological observation spot density
地质观测点记录表 geological observation spot sheet
地质界线 geological boundary/geological limit
放线距 setting out distance
复测 resurvey
工程地质测绘 engineering geological mapping
基岩露头 bedrock outcrop
节理网络模拟法 joint network simulation method
界线追踪法 boundary tracing method
泉、井调查记录表 spring and well observation sheet
清绘 cleaning map
实测地层剖面测绘记录表 measured formation profile record sheet
现场标识 site indentification
岩石标本 rock specimen
野外节理（裂隙）统计记录表 in-situ joint and fissure statistics record
走向投影线 strike projection line
综合地层柱状图 comprehensive strata log/general stratigraphic column

综合地层剖面 comprehensive stratigraphic section

底图 base map

拼图 fitting map

接图 dovetailing map

【注】

放线距为地形等高距与岩层倾角的余切函数之积。

第 14 章　遥感地质(remote sensing geology)

遥感地质(remote sensing geology)是指综合应用现代遥感技术来研究地质规律,并进行地质调查的一种方法。以各种地质体对电磁辐射的反应作为基本依据,结合其他各种地质资料和遥感资料的综合应用,分析、判断地质情况。

14.1　遥感技术(remote sensing technology)

遥感技术(remote sensing technology)是指根据电磁波理论,应用各种传感仪器对远距离目标所辐射和反射的电磁波信息进行收集、处理,并最后成像,从而对各种目标进行探测和识别的一种综合技术。

低空遥感摄影 low altitude remote sensing photography
低空无人机遥感摄影 low altitude drone remote sensing photography
调绘 identification/annotation
高空遥感摄影 high altitude remote sensing photography
航天遥感摄影 space remote sensing photography
光谱反应 spectral response
光谱特征 spectral feature/spectral signature
陆地遥感摄影 land remote sensing photography
像片调绘 photograph identification/annotation

航空遥感 aerial remote sensing
机载遥感 airborne sensing
航天遥感 space remote sensing
星载遥感 satellite-borne sensing

主动遥感、有源遥感 active remote sensing
被动遥感、无源遥感 passive remote sensing

边缘 edge
大气窗口 atmospheric window
多时相遥感影像 multi-temporal remote sensing image
空域 spatial domain
模式 mode
频域 frequency domain
实时 real time
色度 chromaticity
像元 pixel/picture element
像点 pixel point
遥感信息 remote sensing information

分辨率 resolution
地面分辨率 ground resolution
遥感影像分辨率 remote sensing image resolution
空间分辨率 spatial resolution

14.2　遥感仪器(remote sensing instruments)

遥感仪器(remote sensing instruments)是指通过电磁辐射获取的记录远距离目标的特征信息,以及对所获取的信息进行处理和判读的仪器。

传感器 sensor
彩色合成仪 color additive viewer
侧视雷达 side-looking radar
单色仪 monochromator
电视摄像系统 TV-camera system
多波段扫描仪 multiband scanner
多光谱扫描仪 multispectral scanner
多光谱照相机系统 multispectral camera system
高度计 altimeter
光谱辐射计 spectrum radiator
构造仪 texturometer
航摄仪 aerial surveying camera
加色法观察仪 color additive viewer
纠正仪 rectifier
立体镜 stereoscope
滤色镜 filter
密度计 densitometer
密度分割仪 density slicet
热红外扫描器 thermal infrared scanner
散射计 scatterometer
扫描测微密度计 scanning micro densitometer
色度计 colorimeter
缩放仪 pantograph

图像显示器 image monitor/image display
显微密度计 micro densitometer
遥测系统 telemetry system
遥感器、遥感装置 remote sensor
遥感平台 remote sensing platform
游标 cursor
正射投影仪 ortho-projector

14.3 图像处理与解译(image process and interpretation)

图像处理与解译(image process and interpretation)是指对遥感图像进行辐射校正、几何校正、图像整饰、投影变换、镶嵌、特征提取、分类,以及各种专项处理等一系列操作,以求达到预期目的的技术。

彩色地质体 colour geological mass
彩色增强 colour enhancement
彩色合成 colour composite
红外彩色胶片 infrared colour film
复核解译 reviewed interpretation
浮雕图像 embossment image/relief image
航片 aerial photograph
航空遥感图像 aerial remote photograph
解译 interpretation
解译标志 interpretation mark
陆地卫星图像 land satellite photograph
密度分割 density slicing
模板 template
全息图像 hologram
数字图像处理 digital image processing
图像处理 image processing
图像几何校正 image geometrical correction
外业验证 field verification
卫星图像 satellite photograph
线性特征 linear feature
线性构造 linear structure
遥感影像、遥感图像 remote sensing image
影像几何畸变 image geometrical distortion

比值图像 ratio image
差别图像 difference image
反差增强 contrast enhancement

图像增强 image enhancement

模式识别 pattern recognition
目视解译 visual interpretation
图像识别 imagery recognition
图形识别 pattern recognition

图像重影 image ghosting
图像错位 image dislocation
图像失真 image distortion
数字影像处理技术 digital image processing technology
影像融合处理 image fusion processing

图像数字镶嵌处理 image digital mosaic processing
影像灰度 image grayscale
影像色调 image tone
影像纹理 image texture
影像亮度 image brightness
影像对比度 image contrast
影像饱和度 image saturation

人机交互解译 human computer interactive interpretation
三维影像模型技术 3D image modeling technology

遥感地质解译图 remote sensing geological interpretation map

第 15 章　天然建材(natural building materials/natural construction materials)

天然建材(natural building materials/natural construction materials)是指天然产出的可应用于水利水电工程建设的砂砾料、土料和石料等。

剥离层 stripped cover
剥离比 rate of stripping
掺石封闭层 stone admixture seal layer
风化料 weathered material
粗骨料 coarse aggregate
混凝土天然掺合料 concrete natural admixtures(mineral admixtures)
夹层 sandwich/intercalation
建材储量 reserve of building materials/reserve of construction materials
碱活性骨料 alkali-reaction aggregate
另外备用区 additional stockpile area
开挖料 excavated materials
平均厚度法 average thickness method
平行断面法 parallel section method
人工骨料 artificial aggregate
石料场 quarry
算术平均法 arithmetic average method
三角形法 triangular method
物理性质控制指标 physical property control index
无用层 unusable layer/unavailable layer
细骨料 fine aggregate
有用层 usable layer/available layer
有害层 deterious layer
运距 haul distance

15.1　土料(soil materials)

土料(soil materials)是指用于水利水电工程建设某种特定目的的天然土,一般包括填筑土料、防渗土料、固壁土料和灌浆土料。

15.1.1　地质勘察(geological investigation/geological exploration)

地质勘察(geological investigation/geological exploration)是指运用地质、钻探、山地勘探、试验等综合勘察手段调查或查明料区的基本地质条件和土料的分布、储量、质量、开采和运输条件,评价其适用性和料场开采对周围地质环境的影响。

勘察级别 exploration level

土料场类型 borrow area type

吹填料 hydraulic fill material

防渗土料 sealing material(silty clays, and clays)/impervious soil material

风化土料 weathered soil

灌浆土料 grouting soil

固壁土料 stabilizing clay material

接触黏土料 high plastic clay material for interface

砾石土料 gravelly soil

泥岩防渗料 impervious rolled-mudstone material

碎石土料 debris soil

碎(砾)石土料 debris(gravelly)soil

填筑土料 infill soil

粗颗粒集中现象 concentration of coarse particles

粗颗粒架空现象 cavities of coarse particles

吊筐抽取法 bucket sampling

分散性土 dispersive soil

非分散性土 non-dispersive soil

过渡型土 transitional soil

活动性指数 activity index

计量法 measuring method

刻槽法取样 taking samples by grooving method

孔隙水溶液试验 pore water solution test

碾压铺土厚度 rolling and paving soil thickness

【注】

活动性指数用来衡量黏土矿物吸附结合水的能力。活动性指数为黏性土塑性指数与小于 0.002 mm 的颗粒含量百分率的比值。

15.1.2 室内试验(laboratory testing)

室内试验(laboratory testing)是指为满足地质勘察目的,采用有关仪器设备,并遵照标准方法和程序测定土料的基本工程性质的各种室内测试、资料整理与分析工作。

<0.075 mm 颗粒含量 content of <0.075 mm particle

Fe_2O_3 含量 content of Fe_2O_3

pH 值 pH value

SiO_2 与 Al_2O_3 含量 content of SiO_2 and Al_2O_3

分散度 dispersivity

分散试验 dispersion test

硅铁铝比(SiO_2 与 R_2O_3)SiO_2/R_2O_3

化学成分分析 chemical composition analysis

击实试验 compaction test

击实后>5 mm 颗粒含量 content of >5 mm particle after compaction

击实后>5 mm 碎石、砾石含量 content of broken stone and gravel>5 mm after compaction

黏土矿物成分 mineral composition of clay

烧失量 loss on ignition

收缩试验 contraction/shrinkage test

有机质含量 organic content

允许坡降 allowable slope gradient

填筑控制含水率 moisture content to the building requirement

最优含水率 optimum water content/optimum moisture content

最大干密度 maximum dry density

最大颗粒粒径 grain diameter of maximum size

水溶盐含量 content of water-soluble salt

易溶盐含量 content of soluble salt(highly soluable salt)

中溶盐含量 content of moderately soluble salt(intermediately soluable salt)

【注】

分散度是指用来描述分散性土的分散性的定量指标,分散度=不加分散剂的黏粒含量/加分散剂的黏粒含量)×100%,其数值常采用双密度计法测试。

15.2　砂砾石料（sand and gravel materials）

砂砾石料（sand and gravel materials）是指用于水利水电工程建设某种特定目的的天然砂、砾石，一般包括填筑料、反滤料和混凝土骨料。

15.2.1　地质勘察（geological investigation/geological exploration）

地质勘察（geological investigation/geological exploration）是指运用地质、钻探、山地勘探、试验等综合勘察手段调查或查明料区的基本地质条件和砂砾石料的分布、储量、质量、开采和运输条件，评价其适用性和料场开采对周围地质环境的影响。

坝壳填筑料 shell filling materials

反滤料 inverted filter/filter material（0.2~2 cm）

分级储量 graded storage reserve

净砾石储量 net reserve of gravel

净砂储量 net reserve of sand

砾石分级储量 reserve of graded gravels

15.2.2　室内试验（laboratory testing）

室内试验（laboratory testing）是指为满足地质勘察目的，采用有关仪器设备，并遵照标准方法和程序测定砂砾石料的基本工程性质的各种室内测试、资料整理与分析工作。

表观密度 particle density/apparent density

不均匀系数 coefficient of uniformity

堆积密度 stacking density/bulk density/piling density

冻融损失率 freeze-thaw loss rate

活性骨料成分和含量 composition and content of active aggregates

混合堆积密度 mix bulk density

紧密密度（混合、分级）compact density（mixed，graded）

颗粒形状 particle shape

粒度模数 grain size modulus/grain modulus（GM）

砾石紧密密度（混合、分级）compact density of gravels（mixed，graded）

硫酸盐及硫化物含量（换算 SO_3 含量）content of sulfate and sulfide（convert to the amount of SO_3）

壳状物质含量 shell material content

轻物质 lightweight matter

轻物质含量 content of light matters/lightweight matter

片状颗粒 flat particle/flakiness particle

平均粒径 average particle size

膨胀率 swelling ratio

曲率系数 coefficient of curvature

软弱颗粒含量 content of soft and weak particles/content of weak particles

岩石成分（矿物）含量 content of composition(mineral) in rock

水溶盐含量 content of water-soluble salt

细度模数 fineness modulus(FM)

相对密度 relative density

需水量 water demand

云母含量 content of mica

有机质含量 content of organic matters

针片状颗粒 elongated particle

针片状颗粒含量 content of elongated particles

针状与片状颗粒含量 content of elongated and flaky particles

粉黏粒含量 clay and silt grain content/dust content

含泥量（黏、粉粒）clay content(clay, silt particle)/content of mud(clay, silt)

黏土块（球）及黏土膜含量 content of cementitious chunks(balls)and clay coating

黏土块及易碎颗粒含量 content of clay lumps and friable particles

黏土球块 cementitious balls and blocks

黏土薄膜 clay film

【注】

粉黏粒含量（dust content）是指粒径小于 0.075 mm 的颗粒含量，即粉粒和黏粒；或指粒径小于 1/16 mm=0.062 5 mm 的颗粒含量，即按照天然建材混凝土骨料粒组划分标准，属于细砂-粉粒黏粒。

混凝土骨料的质量评价，一般而言，国内外规范和标准的原则是基本一致的，较为全面，包括几何性质、物理性质、力学性质等方面；但相比较而言，与国内规范标准相比，欧美规范和标准采用混凝土骨料质量项目较多，破碎值、洛杉矶耐磨损率、冲击强度指数、坚固性等指标在欧美规范和标准应用广泛，而国内规范尚未采用。我国水利水电工程天然建筑材料规范中，堆积密度、平均粒径是混凝土骨料物理性质和颗粒组成控制的主要指标，但欧美规范通常没有较为严格的要求。

在骨料的冻融性能方面，国内规范采用的指标为冻融质量损失率，而国外规范则采用冻融重量损失率，两者基本一致。

15.3　石料(rock materials)

石料(rock materials)是指用于水利水电工程建设某种特定目的的天然岩石,一般包括堆石料、砌石料和混凝土人工骨料。

15.3.1　地质勘察(geological investigation/geological exploration)

地质勘察(geological investigation/geological exploration)是指运用地质、钻探、山地勘探、试验等综合勘察手段调查或查明石料的基本地质条件和石料的分布、储量、质量、开采和运输条件,评价其适用性和料场开采对周围地质环境的影响。

堆石料 rockfill material(5~40 cm)　块石 rubble/rock block
抛石料 rip-rap material(30~60 cm)　砌石料 masonry rock
混凝土人工岩料 concrete artificial aggregate
条石 chipped ashlar

层状结构岩体 stratified structure rock mass
单层厚度 thickness of single layer
勘探网 exploration network　竖井 exploration shaft
天然露头 natural outcrop　原岩 virgin rock

15.3.2　室内试验(laboratory test)

室内试验(laboratory test)是指为满足地质勘察目的,采用有关仪器设备,并遵照标准方法和程序测定石料的基本工程性质的各种室内测试、资料整理与分析工作。

饱和吸水率 saturated water absorption
冻融质量损失率 freeze-thaw mass loss rate
冻融抗压强度 compressive strength of freeze-thaw
软化系数 soft coefficient　坚固性 solidity
线膨胀率 coefficient of linear expansion
压碎指标 crushed designation index

15.4 人工骨料(artificial aggregates)

人工骨料(artificial aggregates)是指石料经破碎、筛分、冲洗而制成的混凝土骨料。

15.4.1 地质勘察(geological investigation/geological exploration)

地质勘察(geological investigation/geological exploration)是指运用地质、钻探、山地勘探、试验等综合勘察手段调查或查明人工骨料的基本地质条件和人工骨料的分布、储量、质量、开采和运输条件,评价其适用性和料场开采对周围地质环境的影响。

定名 name
磨片鉴定 rock-mineral identification
岩相分析 petrographic examination

15.4.2 室内试验(laboratory testing)

室内试验(laboratory testing)是指为满足地质勘察目的,采用有关仪器设备,并遵照标准方法和程序测定人工骨料的基本工程性质的各种室内测试、资料整理与分析工作。

25个循环质量冻融损失率 mass loss rate in freezing-thawing after 25 cycles
崩解指数 slake durability index
冲击强度指数 impact strength index
坚固性 soundness
硅碱活性反应 alkali silic reaction(ASR)potential
碳酸盐碱活性反应 alkali carbonate reaction(ACR)potential
泥块含量 content of clods
洛杉矶耐磨损性 Los Angeles abrasion resistance
洛杉矶磨损量 Los Angeles abrasion loss
片状指数 flakiness index
破碎值 crushing value
壳状物质含量 shell material content
石粉含量 content of grinded stone powder
水稳定等级 water stability grade
伸长指数 elongation index
10%细骨料破碎值 10% fines aggregates crushing test(FACT)value
与沥青黏附性 adhesion to asphalt

【注】

石粉是指人工砂中粒径小于 0.158 mm 的颗粒(按照天然建材混凝土骨料粒组划分标准,属于极细砂-粉粒黏粒)。

碱活性试验方法通常包括岩相法、化学法、砂浆快速法(14~28 天)、砂浆长度法(180 天)、岩石圆柱体法(84 天)、混凝土棱柱体法(360 天)。岩相法常用于初判,化学法适用于含有无定形活性二氧化硅成分的骨料,砂浆快速法适用于潜在有害的碱-硅酸反应,砂浆长度法适用于碱骨料反应较快的碱-硅酸反应,岩石圆柱体法适用于碱-碳酸盐岩反应,混凝土棱柱体法适用于碱-硅酸反应和碱-碳酸盐岩反应。

15.5　混凝土天然掺合料(concrete natural admixtures)

混凝土天然掺合料(concrete natural admixtures)是指用于混凝土中以改善混凝土性能或减少水泥用量的天然的具有活性的材料。

碱活性指标 alkali-reactive index

火山灰活性试验 pozzolanic activity test

可溶性硅酸盐 soluble silicate

铝酸 aluminic acid

烧失量 loss on ignition

水泥砂浆 28 天抗压强度试验 28 day compressive strength test for cement mortar

水泥砂浆 28 天抗压强度比 28 day compressive strength ratio for cement mortar

第 16 章　水利水电工程地质(engineering geology of water resources and hydropower project)

水利水电工程地质(engineering geology of water resources and hydropower project)是指运用地质学的理论和方法等分析研究与水利水电工程建设有关的工程地质条件,并评价有关的工程地质问题,提出意见和建议。

地质服务 geoservices

调查 investigation/survey

管理费 overhead

工程地质评价 engineering geological evaluation/engineering implications of geological conditions

类别 grade/class/type/category

勘察工作 work of investigations

勘察成果 findings of investigations

勘察 exploring/prospecting/investigation

地震危险性评估 earthquake risk assessment

地质灾害评估 geo-disaster assessment

工程项目压覆重要矿产资源评估 evaluation of occupying main mineral resources in project construction

比肖普法 Bishop's method

胡克定律 Hook's law

库仑定律 Coulomb's law

吕荣值 Lugeon value

莫尔圆 Mohr's circle

莫尔-库仑破坏准则 Mohr-Coulomb failure criterion
霍克-布朗破坏准则 Hoek-Brown failure criterion

16.1　水库工程地质(engineering geology of reservoir)

水库工程地质(engineering geology of reservoir)是指运用地质学的理论和方法等分析与研究水库的工程地质条件,并评价有关的工程地质问题,提出意见和建议。

地下水位壅高值 damming value of groundwater table
古河道渗漏 seepage along palecourse
河间地块渗漏 seepage through interfluve
库岸稳定性 slope stability
水库渗漏 reservoir leakage(seepage)/ reservoir water tightness
水库浸没 reservoir immersion
水库塌岸 reservoir bank collapse
水库诱发地震 reservoir-induced earthquake
水库淤积 reservoir silting/sedimentation.

16.2　大坝和电站厂房工程地质(engineering geology of dam and powerhouse)

大坝工程地质(engineering geology of dam)是指运用地质学的理论和方法等分析与研究大坝的工程地质条件,并评价有关的工程地质问题,提出意见和建议。

电站厂房工程地质(engineering geology of powerhouse)是指运用地质学的理论和方法等分析与研究电站厂房的工程地质条件,并评价有关的工程地质问题,提出意见和建议。

坝肩边坡稳定性 abutment slope stability
边坡岩体卸荷带划分 slope rock mass unloading zone classification
边坡稳定分析技术 slope stability analysis technique

表层滑动 surface sliding
浅层滑动 shallow sliding
深层滑动 deep sliding

坝基抗滑稳定评价 assessment of stability against sliding of dam foundation
坝基渗漏 leakage through dam foundation
沉陷变形 subsidence deformation/settlement deformation
冲刷 scouring
地基稳定性 foundation stability
基坑涌水 discharge into foundation pit
喀斯特渗漏评价 karst seepage evaluation
可利用岩土体 available rock and soil
绕坝渗漏 leakage around dam abutment

饱和砂层地震液化 earthquake liquefaction of saturated sand
砂土液化 sand liquefaction
土的渗透变形判别 soil seepage deformation discrimination
土的液化判别 soil liquefaction discrimination

环境水腐蚀性 environmental water corrosivity

临界渗透坡降 critical seepage gradient
渗透变形 seepage deformation
渗透破坏 seepage failure
渗透稳定性 seepage stability
允许渗透坡降 allowable seepage gradient

坝基岩体工程地质分类 engineering geological classification of rock mass in dam foundation
岩体工程地质分类 engineering geological classification of rock mass
岩体结构分类 structure classification of rock mass
岩土体渗透性分级 permeability grade of rock mass and soil mass

岩体风化带划分 weathered zone classification of rock mass

接触流土 contact soil shifting/contact soil flow
接触冲刷 contact washing
流土 soil shifting/soil flow
潜蚀作用 snbmarine erosion action
管涌 piping

设代地质 cooperation with design involving engineering geology during construction(in constrution period)
施工地质 engineering geology in construction period(during construction)

【注】
DMR is the Dam Mass Rating according to Romana(2004)and is an adaptation of the rock mass rating(RMR)proposed by Bieniawoski(1973). 2004 年，Romana 提出一种大坝岩体评分方法,也是 Bieniawoski(1973)岩体评分系统(RMR)的修编版。

16.3　线路工程地质(engineering geology of route)

线路工程地质(engineering geology of route)是指运用地质学的理论和方法等分析与研究线路的工程地质条件,并评价有关的工程地质问题,提出意见和建议。

16.3.1　地面建筑物(surface structures)

地面建筑物(surface structures)是指建在地面上的建筑物。
边坡工程 slope engineering
持力层 bearing stratum
垫层 cushion
地基 ground/subgrade/foundation
基坑 foundation pit
基坑工程 foundation engineering
基础 basement/pedestal
土质地基划分 soil foundation classification
下卧层 underlying layer/sublayer
验槽 foundation pit(trench)inspection
支挡结构 retaining structure

地基承载力特征值 characteristic value of subsoil bearing capacity

地基液化复判标准 ground liquefaction re-discriminative criterion
地基检测及验收标准 criterion of detection and acceptance of foundation
地基处理 ground treatment
允许承载力 allowable bearing capacity

不均匀沉降 uneven subsidence/differential settlement
沉降 subsidence/settlement
地基允许变形 allowable subsoil deformation
溶陷 dissolution-induced subsidence
湿陷变形 collapse deformation

渠道渗漏 canal seepage
渗透压力 seepage pressure

标准冻结深度 standard frost penetration
最大冻土层厚度 maximum frost soil layer thickness
土腐蚀性 soil corrosivity

次生盐碱化 secondary salinization and alkalization
盐胀 salt expansion
盐碱化 salinization and alkalization
盐渍化 salinization

16.3.2 地下建筑物(underground structures)

地下建筑物(underground structures)是指建在地面以下的建筑物。
放射性 radioactivity
高地温 high ground temperature
高地应力 high geostress/geo-stress
上覆岩体 overlying rock mass
塑性膨胀 plastic expansion
隧洞施工超前预报 construction predication in tunnel
突水(泥)water and debris inflow/inrush
外水压力折减系数 external water pressure reduction coefficient
岩石掘进质量指标 rock tunneling quality index
岩爆 rock burst
涌水和突泥 water and mud inrushing/water and mud bursting

有毒有害气体 poisonous and harmful gas

围岩稳定分析 stability analysis of surrounding rock
围岩收敛 convergence of surrounding rock
围岩变形 surrounding rock deformation
围岩应力 surrounding rock stress
洞室围岩分类 surrounding rock mass classification of tunnel

Q 系统法 Q system(Baton)
RMR 法 rock mass rating(Bieniawoski)
地质力学法 geomechanics classification
新奥法 New Austrian tunneling method
岩体荷载分类法 rock load classification(Terzaghi)
岩石质量指标法 rock quality designation(RQD)(Deere)
岩石结构评分法 rock structure rating(RSR)(Wickham et al)
自稳时间法 stand-up time(Lauffer)

节理组数 the joint set number(Jn)
节理粗糙度数值 the joint roughness number(Jr)
节理蚀变数值 the joint alteration number(Ja)
节理水折减系数 the joint water reduction factor(Jw)
应力折减系数 the stress reduction factor(SRF)

岩石材料单轴抗压强度 uniaxial compressive strength of rock material
岩石质量指标 rock quality designation(RQD)
不连续面间距 spacing of discontinuities
不连续面条件 condition of discontinuities
地下水条件 underground water condition
不连续面产状 attitude of discontinuity surface/orientation of discontinuity surface

节理粗糙系数 the joint roughness coefficient(JRC)
节理壁抗压强度 the joint wall compressive strength(JCS)

【注】

The new Austrian tunneling method includes a number of techniques for safe tunneling in rock conditions in which the stand-up time is limited before failure occurs. 新奥法包括在各种破坏发生前的自稳时间有限的岩石条件下进行隧洞安全施工的多种技术。

Bieniawoski(1976)published the details of a rock mass classification called the Geomechanics Classification or the Rock Mass Rating(RMR)system. 1976 年，Bieniawoski 发表地质力学分类系统或岩体评分系统(RMR)具体的岩体分类方法。

Barton et al(1974)of the Norwegian Geotechnical Institute proposed a Tunnelling Quality Index(Q)for the determination of rock mass characteristic and tunnel support requirements. 1974 年，挪威岩土工程技术研究所巴顿等人提出了一种隧洞岩体质量指标(Q)，用以确定岩体特征和相应的支护措施。

第 17 章　制图和岩土性状描述（mapping and character description of rock and soil）

制图和岩土性状描述（mapping and character description of rock and soil）是指在工程地质勘察中一些常用制图和岩土特征描述的短语和词组。

17.1　制图（mapping）

制图（mapping）是指根据编绘图的理论和方法，利用已有各种资料编绘图纸的工作。

地理坐标 geographical coordinate

比例 scale
描图 tracing
图例 legend
附录 annex/appendix
批准文号 approval number

民井及编号 local residents well and its number
勘探网（线、点）prospecting network（route，point）
平硐 adit
探槽 exploration trench
探井 exploration well
试坑 trial pit
探坑 prospect pit/exploration pit

覆盖层与基岩地层界线 stratigraphic boundary line between overburden layer and foundation rock

实测地层界线 measured stratigraphic boundary line

推测地层界线 inferred stratigraphic boundary line

平硐编录 adit logging

钻孔编录 borehole logging

晒图纸 blueprint paper

砂眼 sand hole/blister

透明纸 tracing paper

地质柱状图 geological histogram

钻孔柱状图 borehole histogram/borehole column

示意图 diagrammatic sketch

工程地质图 engineering geological map

工程地质剖面图 engineering geological section/engineering geological profile

交叉线形成的阴影圆 cross hatched shadow circles

平面布置图 planar layout plan/planar layout chart/planar layout sheet

平面图 plane map

如图 2 所示区域面积 the area shown on figure 2

渗透剖面 seepage section

实际材料图 primitive material map

署名的平面布置图和剖面图 signed of plannar layout plans and sections

综合地层柱状图 general stratigraphic column/comprehensive strata log diagram

结点 nodal point

两端箭头 a double-ended arrow

竖线 vertical line

向外指的粗箭头 thick outward pointing arrows

向内指的细箭头 thin inward pointing arrows

上限数值 an upper bound value

17.2　岩土性状描述(character description of rock and soil)

岩土性状描述(character description of rock and soil)是指对岩土现象或属性特征进行文字描述。

毫秒 milli-second
兆年 mega-annum
十米 decameter

2 个大样 two bulk samples

与走向无关 trend independent

固体径流 sediment load/solid flow
淤积 sedimentation/siltation
上游/水源 headwater

侧翼 flank
坡度 gradient
岩脊岭 rockspine ridge
蜿蜒 serpentine/sinuosity

表层的 surficial
夹层 intercalate/seams/sandwich
薄层状的 laminar

侧面的 lateral
横向的 transversal
相互 mutual
相交(切割) dissect/intersect
正交的 perpendicular/orthogonal
垂直的 vertical
水平的 horizontal
纵向的 longitudinal
斜交 oblique crossing
正交 cross cut/orthogonality

度 degree
倾角范围值 slant range/dip angle range
休止角 35° ~40° angle of repose 35° ~40°
夹角 included angle

次圆形的 sub round
次棱角状 sub angular
棱角状 angular
棱角-圆形 angular to round
未磨圆的 non-round
楔形的 wedge-shape
圆形的 round

扁豆体 rod/lenticle
肠状 boudin
结块 lump
透镜体 lens
岩床 sill
岩脉 dyke/vein

姜石 calcite(ginger-like stone)
贝壳 shell
钙质结核 calcareous concreation/caliche nodule

铁锈斑 iron staining
杂色 mottled/variegated

零星的 sporadical
普遍的 universal/prevailing/general

nonhomogeneous 不均匀
均匀 uniform/even/symmetrical

风化层 solum/weathered layer
河床深厚覆盖层 thick and deep overburden in riverbed
架空层 bridging layer

上伏 overlying
下伏 underlying

接触关系 contact relation
不整合面 plane of unconformity
整合 conformity

缺失 hiatus
软质岩 soft rock/weak rock
硬质岩 hard rock/strong rock

极软岩 extremely soft rock
较软岩 relative soft rock

软岩 soft rock　　中软岩 medium soft rock

坚硬岩 firm hard rock/solid rock/stiff rock/rigid rock
较坚硬岩 relative firm hard rock
较硬质岩 relative hard rock　　中硬岩 medium hard rock

【注】

对于岩石坚硬程度，国内外划分标准不完全一致，但采用的划分指标均为单轴抗压强度或点荷载强度。

《水利水电工程地质勘察规范》（GB 50487-2008）附录 N 围岩工程地质分类，按照岩石饱和单轴抗压强度，划分为硬质岩（坚硬岩、中硬岩）、软质岩（较软岩、软岩和极软岩）。

《水力发电工程地质勘察规范》（GB 50287-2016）附录 J 围岩工程地质分类，按照岩石饱和单轴抗压强度，划分为硬质岩（坚硬岩、中硬岩）、软质岩（较软岩、软岩）。

《工程岩体分级标准》（GB/T 50218-2014），按照岩石饱和单轴抗压强度，划分为硬质岩（坚硬岩、较坚硬岩）、软质岩（较软岩、软岩和极软岩）。

《岩土工程勘察规范（2009 年版）》（GB 50021-2001），按照岩石饱和单轴抗压强度，划分为坚硬岩、较硬岩、较软岩、软岩和极软岩。

英国《Code of Practice for Site Investigations》（BS5930：1999）Section 6 description of soils and rocks，按照岩石饱和单轴抗压强度，岩石坚硬程度划分为极硬（extremely strong）、很硬（very strong）、硬（strong）、中硬（moderately strong）、中软（moderately weak）、软（weak）和很软（very weak）。

国际岩石力学学会（ISRM），按照岩石饱和单轴抗压强度，岩石坚硬程度划分为极硬（R6-extremely strong）、很硬（R5-very strong）、硬（R4-strong）、中硬（R3-medium strong）、软（R2-weak）、很软（R1-very weak）、极软（R0-extremely weak）。

美国内政部垦务局《Engineering Geology Field Manual》（Volume II），岩石硬度-强度划分为极硬（H1-extremely hard）、很硬（H2-very hard）、硬（H3-hard）、中硬（H4-moderately hard）、中软（H5-moderately soft）、软（H6-soft）和很软（H7-very soft）。

第 18 章　水工建筑物
(hydraulic structures)

水工建筑物(hydraulic structures)是指控制和调节水流,防治水害,开发利用水资源,实现水利工程目的的建筑物。

18.1　建筑物类别(structures type)

建筑物类别(structures type)是指按照在水利枢纽中所起主要作用、功能、使用期限或用途等进行的分类。

工程规模 project scale
水利枢纽布置 hydro project layout
水利枢纽 hydro project/hydro complex
水利工程等别 rank of hydro project
水工建筑物级别 grade of hydraulic structure

次要建筑物 secondary structures
临时建筑物 temporary structures
永久建筑物 permanent structures
主要建筑物 major structures

挡水建筑物 barrier/partition/water retaining structures
附属建筑物 appurtenant structures
过木建筑物 log passage structures
过水建筑物 over-flow structures
过鱼建筑物 fish passage structures

取水建筑物 water intake structures
渠系建筑物 canal structures
输水建筑物 water conveyance structures
水电站建筑物 hydropower station structures/hydroelectric station structures
通航建筑物 navigation structures
泄水建筑物 water release structures
引水线路 water supply route/reference route
引调水线路 water diversion route
引水隧洞 headrace tunnel

18.2　大坝(dam)

大坝(dam)是指修建在河道或山谷拦截水流、抬高水位、调蓄水量的挡水建筑物。

1. 重力坝(gravity dam)

重力坝(gravity dam)是指主要依靠自身重量抵抗水的作用力等荷载以维持稳定的坝。

拱形重力坝 arch gravity dam
混凝土重力坝 concrete gravity dam
混凝土实体重力坝 solid concrete gravity dam
混凝土宽缝重力坝 slotted concrete gravity dam
碾压混凝土坝 roller compacted concrete dam
宽缝重力坝 slotted gravity dam
空腹重力坝 hollow gravity dam
浆砌石重力坝 masonry gravity dam
圬工滚水坝 masonry overflow dam

横缝 transverse joint
临时缝 temporary joint
永久缝 permanent joint
纵缝 longitudinal joint

坝段 dam monolith
坝踵 dam heel
坝趾 dam toe
坝体 dam footprint/dam body
坝肩 dam shouler/dam abutment
键槽 key grooves

廊道 gallery
宽尾墩 end-flared pier
排水系统 drainage system
止水带/截水墙 water-stop/cut-off wall

坝面台阶消能 energy dissipation by stepped overflow dam crest
跌坎底流消能 energy dissipation by hydraulic jump with step-down floor
扭曲式挑坎 distorted type flip bucket
窄缝式挑坎 slit type flip bucket

2. 拱坝(arch dam)

拱坝(arch dam)是指在平面上拱向上游,将荷载主要传递给两岸山体的坝。
薄拱坝 thin arch dam
单曲拱坝 single-curvature arch dam
对数螺线形拱坝 logarithmic spiral arch dam
空腹重力拱坝 hollow gravity arch dam
抛物线拱坝 parabolic arch dam
双曲拱坝 double-curvature arch dam
三圆心拱坝 three-centered arch dam
椭圆形拱坝 elliptical arch dam
重力拱坝 gravity arch dam

垫座 support cushion
拱冠梁 crown cantilever
拱坝体形 arc dam shape
拱圈线型 arch shape
拱圈中心角 central angle of arch
拱座 arch abutment
水垫塘 plunge pool
推力墩 thrust block
重力墩 gravity block
周边缝 peripheral joint

3. 土石坝(earth-rock fill dam)

土石坝(earth-rock fill dam)是指用土、砂、砂砾石、卵石、块石、风化岩等当地材料填筑而成的坝。
砌石坝 stone masonry dam

分区土质坝 zoned earth dam
均质土坝 homogeneous earth dam

非土质材料防渗体坝 non-soil impervious zoned earth dam
土质材料防渗体坝 soil impervious zoned earth dam

刚性心墙土石坝 rigid core earth-rock fill dam
过水土石坝 overflow earth-rock fill dam
沥青混凝土心墙土石坝 asphaltic concrete core earth-rock fill dam
沥青混凝土面板土石坝 asphaltic concrete faced earth-rock fill dam
碾压式土石坝 rolled earth-rock fill dam/roller rock fill dam
黏土心墙土石坝 clay core earth-rock fill dam
黏土斜心墙土石坝 clay inclined-core earth-rock fill dam

放空洞 emptying tunnel/dewatering tunnel of reservoir

堆石坝 rock fill dam
混凝土面板堆石坝 concrete face rock fill dam

垫层区 cushion zone
盖重区 weighted cover zone
排水区 drainage zone
上游铺盖区 upstream blanket zone
特殊垫层区 special cushion zone
下游堆石区 downstream rock fill zone
下游护坡 downstream slope protection
主堆石区 main rock fill zone
堆石坝体 rock fill embankment
过渡区 transition zone
抛石区 riprap zone

防浪墙 parapet/wave wall
防渗帷幕 impervious curtain
混凝土防渗板 concrete antiseepage plate
混凝土连接板 concrete connecting plate
混凝土面板 concrete face plate
截水槽 cutoff trench
柔性填料 plastic sealant filler
防渗墙 diaphragm wall
防渗铺盖 impervious blanket
马道 berm
土工织物 geotextile

土工格栅 geogrid
趾板 plinth/toe slab
趾墙 toe wall
心墙 core
趾板基准线 plinth line

垂直缝 vertical joint
周边缝 perimetric joint
水平缝 horizontal joint

18.3 溢洪道(spillway)

溢洪道(spillway)是指从水库向下游泄放洪水,保证工程安全泄水的一种建筑物。

侧槽式溢洪道 side channel spillway
非常溢洪道 emergency spillway
滑雪道式溢洪道 ski jump spillway
虹吸式溢洪道 siphon spillway
井式溢洪道 shaft spillway
开敞式溢洪道 free overflow spillway
正常溢洪道 normal spillway
正槽式溢洪道 normal channel spillway

出水渠 outlet channel
陡槽 chute
控制段 control section
泄槽 discharge chute
溢洪洞 spillway tunnel/free overflow tunnel spillway
引水渠 headrace channel
掺气槽 aeration chute
护坦 apron
驼峰堰 hump weir
自溃坝 fuse-plug spillway

挑坎 rim/flip bucket
连续挑坎 continuous flip bucket
差动挑坎 slotted flip bucket
窄缝挑坎 slit-type flip bucket

18.4　电站厂房(powerhouse)

电站厂房(powerhouse)是指水电站中装置水轮发电机组及其辅助设备的建筑物,包括为其安装、检修、运行及管理提供服务的建筑物。

厂房 powerhouse/machine building
河床式电站 power station in river channel/run of the river plant
径流式电站 run-of-river power station/run off river plant
水力发电厂 hydroelectric plant/hydro plant
下池 lower storage reservoir

坝式水电站 dam-type hydropower station
潮汐水电站 tidal hydropower station
抽水蓄能电站 pumped storage power station
引水式水电站 diversion-type hydropower station

岸边式厂房 river-side power house
坝后式厂房 power house at dam toe
坝内式厂房 power house within dam body
半地下式厂房 semi-underground power house
地下式厂房 underground power house
河床式厂房 water retaining power house

防火墙 firewall
辉光放电 glow discharge
漏电 creepage
天线杆 mast
放电、屏蔽 arcing horn
接地系统 the earthing system
避雷针 lightning conductor

GIS 室 GIS chamber
安装间 erection bay
厂房上部结构 upper structure of power house
厂房下部结构 lower structure of power house
发电机层 generator floor
发电机风罩 ventilation barrel
副厂房 auxiliary power house
机墩 generator per

开关站 switch yard
蜗壳 spiral case
尾水管 draft tube
岩锚式吊车梁 rock-bolted crane girder
壅水厂房 water retaining power house
主厂房 main power house
蜗壳层 spiral casing floor
水轮机层 turbine floor
尾水渠 tail water canal
主机间 machine hall

18.5 水闸(sluice)

水闸(sluice)是指修建在河道和渠道上利用闸门控制流量和调节水位的低水头水工建筑物。

冲砂闸 scouring sluice
分洪闸 flood diversion sluice
进水闸 intake sluice
拦河闸 barrage sluice
排水闸 drainage sluice
泄水闸 discharge sluice/escape sluice
分水闸 diversion sluice
涵洞式水闸 culvert-type sluice
节制闸 regulating sluice
拦潮闸 tide sluice
退水闸 exit sluice/escape sluice

岸墙 retaining wall
分流墩 chute block
消力池 stilling basin
消力戽 energy dissipating bucket
胸墙 breast wall
闸室 sluice chamber/gate bay
闸槛 ground sill
刺墙 key wall
海漫 riprap
消力槛 baffle sill
消力墩 baffle block/baffle pier
翼墙 wing wall
闸底板 sluice base slab
闸墩 pier

防冲槽 anti-scouring trench
防渗齿墙 cutoff buttress
防冲齿墙 anti-scouring key wall
阻滑板 anti-sliding plate

18.6　泵站(pumping station)

泵站(pumping station)是指以电动机或内燃机为动力抽水装置及其辅助设备和配套建筑物组成的工程设施。

泵站等级 pumping station grade
泵站规模 pumping station scale

多级泵站 multistage pumping station
浮船式泵站 floating ship pumping station
高扬程泵站 high head pumping station
灌溉结合泵站 combined irrigation pumping station
灌溉泵站 irrigation pumping station
供水泵站 water supply pumping station
缆车式泵站 cable car pumping station
排水泵站 drainage pumping station
潜没式泵站 submerged pumping station
竖井式泵站 shaft pumping station
梯级泵站 cascade pumping station

安装检修间 installation and maintenance room
变电站 transformer substation
泵房 pumping house
泵车 sliding pump carriage
出水池 outlet pool
辅机房 auxiliary house
浮船 floating ship
干式变压器室 dry-type transformer room
进水池 inlet pool
拦污栅 trash rack
配电装置室 power distribution equipment room
启闭设备 hoist equipment
前池 forebay
蓄电池室 battery room
压力水箱 pressure water tank
油浸式变压器室 oil immersed transformer room
闸门 gate
站址 station site
主泵房 main pumping house
中控室 central control room

18.7 导流建筑物(diversion structure)

导流建筑物(diversion structure)是指把河水或其他水体引导离开原来的流径，并按照指定的路径而引导至指定区域的一种建筑物。

分期导流 staged diversion
后期导流 late-stage diversion
先期导流 early-stage diversion
中期导流 mid-stage diversion

度汛 tide over the flood/flood season
截流 river closure
截流戗堤 closure dike
进占 back-off advancing
龙口 closure gap
下闸蓄水 sluice impoundment

导流隧洞 diversion tunnel
导流明渠 diversion open canal
导流底孔 diversion bottom outlet
围堰 cofferdam

18.8 引(调)水工程(water transfer project)

引(调)水工程(water transfer project)是指从水源地通过取水建筑物、输水建筑物引水至指定位置,从而实现某种特定目的的一种水利水电工程。

岔管 bifurcated pipe
沉砂池 settling basin/desander/desilting basin
地下埋管 underground pipe
回填管 buried pipe
气垫式调压室 air cushion surge chamber
尾水管 draft tube
尾水渠 tail water canal
输水隧洞 diversion tunnel/drainage tunnel
调压室 surge chamber
调压池 surge tank
调压井 surge tank/surge shaft
上调压室 upper surge chamber
下调压室 lower surge chamber
压力钢管 penstock
压力前池 forebay/head tank

长隧洞 long tunnel
深埋隧洞 deep tunnel

浅埋隧洞 shallow tunnel

高填方渠道 highly filled canal
深挖方渠道 deeply cut canal
镇墩 anchor block
支墩 abanurus/buttress

不衬砌隧洞 unlined tunnel
水工隧洞 hydraulic tunnel
隧洞衬砌 tunnel lining
隧洞渐变段 tunnel transition section
无压隧洞 free-flow tunnel
有压隧洞 pressure tunnel

岸塔式进水口 bank-tower intake
分层取水式进水口 multilevel intake
竖井式进水口 shaft intake
塔式进水口 tower intake
卧管式进水口 inclined pipe intake
斜坡式进水口 inclined intake

无坝取水 undamed intake
有坝取水 barrage intake

长喉道槽 long-throat flume
倒虹吸管 inverted siphon
陡坡 chute
渡槽 aqueduct/flume
拱式渡槽 arch-type aqueduct
涵洞 culvert
桁架拱渡槽 arch-truss flume
虹吸溢流堰 siphon overflow weir
交通涵洞 traffic culvert
梁式渡槽 beam-type aqueduct
农桥 countryside bridge
排洪建筑物 flood-releasing structures
平交建筑物 level crossing structures
渠系建筑物 canal system structures
渠下涵 culvert under canal

18.9　堤防(levee/embankment)

堤防(levee/embankment)是指沿河、渠、湖、海岸或行洪区、分洪区、围垦区的边缘修筑的挡水建筑物。

穿堤建筑物 buildings through levee
堤防工程 levee project
堤内 landside
堤外 waterside
防浪墙 wave wall
护坡 slope protection
护岸工程 bank protection works
减压井 relief well
跨堤建筑物 buildings across levee
临堤建筑物 buildings near levee
戗台 berm
整治线 regulation line
阻挡堤 stop dike

分水堤 divide dike
丁坝 spur dike/groin
实体坝 solid dike
顺坝 longitudinal dike/training dike
锁坝 closure dam
潜坝 submerged dike

18.10 输电线路(transmission line)

输电线路(transmission line)是指连接发电厂与变电站(所)的传输电能的电力线路。

电缆线路 cable transmission line
架空输电线路 overhead transmission line
紧凑型架空输电线路 compact overhead transmission line
通信线路 telecommunication line

超高压线路(EHV)extra-high voltage line
高压线路(HV)high voltage line
特高压线路(UHV)ultra-high voltage line

大跨越 large crossing
导线 conductor
地线 earthwire
防雷 lighting protection
杆塔 tower
钢筋混凝土杆 reinforced concrete pole
金具 fittings
绝缘子 insulation
耐张段 strain section

相间间隔棒 spacer between phase

大跨越塔 large crossing tower
耐张塔 tension tower
转角塔 corner tower
终端塔 terminal tower

第 19 章　施工(construction)

施工(construction)是指按照设计图纸和进度、质量要求建造工程项目。
刀片磨损指数 bit wear index(BWI)
刀片寿命指数 cutter live index(CLI)
钻进速度指数 drilling rate index(DRI)

19.1　设备(equipments)

设备(equipment)是指施工所需要的各类装备和装置的总称。
拌合楼 mixing plant
防潮布 ground sheet
脚手架 scaffolding
流量计 flow meter
皮带机 belt conveyor
循环、回路 loop
增压泵 booster pump
电子管、阀门 valve
混凝土导管 tremie
空压机 air compressor
排污泵 sewage pump
通风设备 ventilation facilities
振荡器 agitator/oscillator

铲 shovel
铲土机 scraper
侧卸车 side dump truck
单斗式挖掘机 single bucket excavator
多斗式挖掘机 multi bucket excavator
反铲挖掘机 backhole excavator/backdigger
钢模台车 steel form jumbo/formwork jumbo/telescoping steel form

镐、斧 pick/axe
巷道掘进机 roadheader
搅拌机 mixer
履带式挖掘机 caterpillar track-mounted excavator
履带式反铲挖掘机 caterpillar tractor-loader backhole excavator(TLB)
平仓机 warehouse leveller
破碎机 crusher
起重机 crane
隧洞掘进机 tunnel boring machine(TBM)
推土机 bulldozer/dozer
塔吊 tower crane
拖拉机 tractor
挖掘机 excavator/clamshell shovel
挖泥船 dredger
吸泥船 hydraulic suction dredger
压路机 roller
羊角碾 sheep-horn roller
装载机 loader
振动碾 vibrating roller /vibro roller
振捣机 vibrator
自卸车 dumper
钻车 jumbo

19.2 开挖与处理(excavating and treatment)

开挖(excavating)是指用人力、爆破、机械或水力等方法使岩土松散、破碎和清除的施工作业。

处理(treatment)是指为提供地基强度、抗渗能力，防止过量或不均匀沉陷或地下工程的围岩稳定性、排水、通风等地质缺陷而采取的加固、改善措施。

导洞 heading tunnel/pilot tunnel
施工支洞或平硐 drift/adit/footrill

洞挖 tunnel excavating
开挖 excavating
明挖 open excavating/open cut

夯实 tamp/ram
浇注 placement/pouring
平土 soil leveling/grading
平仓 spreading and leveling
铺土 spreading soil
清淤 dredge/desilting
洒水 watering
削坡 beveling/slope cutting

压实 compacting
振捣 vibration

剥离表层土 stripping
清除岩面 scaling
清基 clearing
挖除埋藏障碍物 grubbing

防渗 seepage control/seepage prevention
防渗帷幕 impervious curtain
灌浆 grouting
固结灌浆 consolidation grouting
混凝土防渗墙 concrete cutoff wall
接触灌浆 contract grouting
渗漏处理 seepage treatment

超挖 over-excavation/overbreak
出渣 mucking
回填 backfill
欠挖 under-excavation
衬砌 lining
掌子面 heading face/working face
支护 support

顶管法 pipe jacking method
盾构法 shielding method
掘进机法 tunnel boring machine method
钻爆法 drilling-blasting method

光面爆破 smooth blasting
延迟爆破 delay blasting
预裂爆破 presplit blasting
钻孔爆破 borehole blasting/drilling and blasting

超前支护 forepoling/advance support
格构大梁 lattice girder
焊接钢筋网 weldmesh
锚固 bolting/anchoring
随机锚固 spot blotting
系统锚固 pattern bolting

安全监测 safety monitoring
防尘 dust control
供水 water supply
供电 power supply
通风 ventilation
照明 lighting

由于维修等停工期 downtime

19.3　施工组织设计(construction planning)

施工组织设计(construction planning)是指根据拟建工程经济技术要求和施工条件,对该工程施工方案进行研究选择和总体性的施工组织安排,并据以编制预概算、制定计划及指导施工。

平整场地 site leveling/ground leveling
导流建筑物的级别 diversion structure grade
生产规模 production scale
施工劳动力 construction labor force
主体工程施工 main works construction

施工方案 construction scheme
施工管理 construction management
施工技术 construction technology
施工进度计划 construction schedule
施工强度 construction intensity
施工条件 construction condition
施工图 construction drawing
施工准备 construction preparation
施工总工期 total construction period

导流方式 diversion procedure
断流围堰导流 cut-off cofferdam diversion
分期围堰导流 stage cofferdam diversion
涵管导流 culvert diversion
施工导流 construction diversion
明渠导流 canal diversion
隧洞导流 tunnel diversion

合龙 final-gap closing
截流 river closure
立堵法截流 end-dump river closure
平堵法截流 plug-leveling river closure

施工方案选择 construction scheme selection
综合机械化施工 comprehensive mechanization construction

冬季作业 construction in winter season
雨季作业 construction in rain season

保温 heat preservation/keep warm
防冻 antifreeze
加热 heating

场内交通 on site access
对外交通 site access/external transportation
施工交通运输 construction transportation

大宗水泥运输 bulk cement transportation
单项重复运输 single repeated transportation

钢筋加工厂 reinforcing steel workshop
混凝土拌合系统 concrete mixing system
金属加工系统 metal working system
金属结构加工厂 metal workshop
木材加工厂 wood workshop
砂石料加工系统 aggregate production system/aggregate processing system
施工设施 construction facilities

混凝土预冷 concrete precooling
混凝土预热 concrete preheating

施工给水系统 construction water supply system
施工供电系统 construction power supply system
施工通信系统 construction communication system
压缩空气系统 compressed air system

关键性施工进度 critical construction schedule
轮廓性施工进度 outlet construction schedule

施工总布置图 construction general layout

施工总进度表 construction master schedule table/construction general schedule table

形象进度 graphic progress

19.4　材料(materials)

材料(materials)是指施工过程中所需要的各种物资和原料。

柴油 diesel

钢材 steel

混凝土 concrete

沥青 asphalt

模板 formwork

木材 timber

汽油 gasoline

水泥 cement

空气冷却的鼓风炉渣 air-cooled blast-furnace slag

防冻剂 deicing-agent/antifreeze

粉煤灰 fly ash

混凝土塞 concrete plug

膨胀剂 expander/expansive agent

入仓辅料 warehouse auxiliary material

施工用水 construction water consumption

水凝水泥 hydraulic-cement

速凝剂 accelerator

缩水剂 water reducing admixtures

添加剂 additive

自来水 tap water

延迟剂 retarder

第 20 章　范文(model essay)

20.1　地质(geology)

This activity was aimed at preparing engineering geological maps to determine the lithology and stratigraphy of various formations at the site and to define their distribution law. Available data for the area was studied, at the stage of desk studies, and it was found that previously the proposed site area has not been studied from engineering consideration. Present program, therefore, included not only detailed mapping of the site area but also study detailed engineering geological formation to prepare regional geological maps at the location of each of the civil structure proposed for the project.

勘察工作的目的是编制工程地质图,以便确定场址出露地层岩性及其分布规律。在室内研究阶段,根据对现有场址资料的分析,发现以往初选场址未考虑工程因素。因此,现阶段工作不仅包括场址详细测绘,还包括工程区各个主要建筑物场址详细地质测绘,并编制各个场址地质图。

It was considered imperative to undertake a study and collect pertinent data and information, related to site conditions there and geological aspects, to make basis of the feasibility of this project.

研究并收集与现场条件和地质有关的数据和信息是迫切需要进行的工作,以便为该项目的可行性研究奠定基础。

The drilling programme included determining the stratigraphy, taking samples of subsurface material and rocks by drilling and coring, and to conduct field tests including permeability tests(Lugeon tests).

钻探工作包括地层划分、岩芯取样、原位试验,其中包括渗透试验(吕荣压水试验)。

Pit and trench excavations are more or less deep excavations to be carried out from ground elevation downwards. Loading of excavation material has to be done first of all in vertical direction.

探坑和探槽开挖到地面以下一定深度,首先要在垂直方向考虑开挖材料出料。

The total of 50 exploration boreholes was performed, with the total length of 800 m.

总计完成钻孔 50 个,累计总进尺 800 m。

Six boreholes(T1~T6)were completed in pre-feasibility study phase(2001-2002), with a total drilling footage of 300 m; ten boreholes(F1~F10)were drilled in extended pre-feasibility study phase(2005-2006), with a total drilling footage of 600 m.

预可研阶段(2001—2002 年)完成钻孔 6 个(T1~T6),累计总进尺 300 m;预可研补充阶段(2005—2006 年)完成钻孔 10 个(F1~F10),累计总进尺 600 m。

Nine diamond-cored, oriented holes were drilled within the site and surroundings, as well on a spur in the River valley some 3 km south of the embankment site, for the stage 1 geotechnical investigation, with a total drilling footage of 1 600 m; 36 diamond-cored holes were drilled for the stage 2 geotechnical investigation. The sum of drilling holes and footage are 45, and 6 840 m respectively. Until now, the total drilling holes and footage are 75, and 8 600 m respectively, including 34 drilling holes finished in the past.

在第 1 勘察阶段,在场址及附近地带、大坝以南约 3 km 河谷一条山脊,共完成 9 个金刚石取芯钻孔,累计总进尺 1 600 m;在第 2 勘察阶段,共完成 36 个金刚石取芯钻孔。总共完成 45 个钻孔,总进尺 6 840 m。截至目前,包括以前完成的 34 个钻孔,累计完成 75 个钻孔,累计总进尺 8 600 m。

Sinking of 18 core drillings with in total 600 running meters is carried out.

完成取芯钻孔 18 个,总进尺 600 m。

Borehole 90 was planned to be located in the middle of the thalweg at the edge of the river, being inclined towards the left bank with 45° .

钻孔 90 拟布置在靠近河岸边的主河槽中间,倾向左岸,角度 45° 。

Borehole D-13 has proved a thickness of river deposits of about 25 m. This seems to be not the maximum depth of the eroded and refilled valley floor.

钻孔 D-13 河流冲积层厚度已证实约为 25 m,这似乎不是河床冲刷堆积的最大深度。

It could not be excluded that a fault zone is existing between TK road and Borehole H running parallel to the road in north-south direction. The small gully, which gave the impression of a possible fault, was proven to be a smaller shear zone between a "lec-uo-granite and a granitic gneiss occurrence" , a little more prone to weathering.

在 TK 公路和钻孔 H 之间不能排除发育一条断层带,其走向大致与南北向道路平行。一条小沟谷看似断层,其实为一条浅色花岗岩和花岗片麻岩之间的剪切带,易于风化。

The geotechnical study activities for the HPP were conducted over two phases, fifty diamond-cored drill holes were originally designed, with a total drilling footage of 5 000 m.

HPP 水电站岩土研究工作包括 2 个阶段,初步设计了 50 个金刚石取芯钻孔,总进尺 5 000 m。

Detailed geological mapping was performed on 2 km^2 in the scale of 1 ∶ 1 000 of the dividing place. Then the geological mapping of the wider area of HPP was performed with the area of 3 km^2 in the scale 1 ∶ 2 500.

分水岭地带以 1∶1 000 比例尺详细地质测绘面积为 2km^2, HPP 场址以 1∶2 500 比例尺地质测绘面积为 3 km^2。

Construction maps record in detail geological conditions encountered during construction. Traditionally, a foundation map is a geological map with details on structural, lithological, and hydrologic features. It can represent structure foundations, cut slopes, and geologic features in tunnels or large chambers. The map should be prepared for soil and rock areas and show any feature installed to improve, modify, or control special treatment areas. The mapping of foundations is usually performed after the foundation has been cleaned just prior to placement of concrete or backfill. The surface cleanup at this time is generally sufficient to permit the observation and recording of all geologic details in the foundation. An extensive photographic and videographic record should be made during foundation mapping.

施工编录图详细记录施工期间遇到的地质条件。传统上,地基图是一张具有详细构造、岩性和水文信息的地质图。它能够反映建筑物地基、边坡开挖以及隧洞或大洞室的地质条件。该图应该划分岩土界线,反映地基补强、处理或特殊处理区域。通常在清基后、混凝土浇筑或回填前,测绘地基图。此时,清基使得能够清楚观察和记录地基所有地质细节。此外,在地基测绘期间,应该进行全面拍照和录像。

The person in charge of foundation mapping should be familiar with design intent via careful examination of design memoranda and discussion with design personnel. The actual geology should be compared with the geologic model developed during the design phase to evaluate whether or not there are any significant differences and how these differences may affect structural integrity. The person in charge of foundation mapping should be involved in all decisions regarding foundation modifications or additional foundation treatment considered advisable based on conditions observed after preliminary cleanup. Design personnel should be consulted during excavation work whenever differences between the actual geology and the design phase geological model require clarification or change in foundation design. Mapping records should include details of all foundation modifications and treatment performed.

地基测绘人员应熟悉设计意图,仔细查阅设计备忘录,并与设计人员讨论。应对现场实际地质条件与设计阶段开发的地质模型进行比较,以评估是否存在显著差异,以及这些差异对结构完整性的影响。地基测绘人员应参与基于初步清基后观察到实际情况而进行的有关地基改造或补充地基处理的所有决策。在开挖期间,当现场实际地质条件与设计阶段地质模型之间的差异需要澄清或修改地基设计时,应咨询设计人员。测绘记录应包括所有地基改造和处理的详细信息。

Televiewer downhole survey was carried out in nine holes, the extensometers for measurement of slope creep were installed in two holes in the left abutment.

完成孔内电视 9 个,在左坝肩 2 个钻孔内安装了边坡蠕动变形计。

The main purpose of conducting seismic refraction survey was to obtain an indication of the depth of bedrock and to assess the general characteristics of overburden material and bedrock. The seismic survey using detonators was carried out along specific lines of different lengths at selected locations in the intake area and powerhouse.

地震折射测试的主要目的是确定基岩埋深和评价覆盖层、基岩基本特征。在取水口和厂房不同部位,雷管地震测试沿指定测线进行,长度各不相同。

Representative samples were tested in the laboratory to determine physical and engineering characteristics of various materials encountered at the site. These results were analyzed to establish geotechnical parameters required for design of various structures.

室内试验用于调查场址不同岩土层分布特性,进而进行分析,以便为不同建筑物设计提供岩土参数。

Based on the evaluation of results, geotechnical parameters are presented to make the basis of design of the proposed structures.

在试验结果评估的基础上,提出了用于拟建建筑物基本设计的岩土参数。

Samples were collected from these test pits for further identification of various materials encountered within these depths.

在勘探深度内,从探坑采取试样用于鉴别遇到地层岩性。

The results of any tests will exhibit a large amount of scatter.

试验结果较为离散。

Three water samples were taken on the location of the dam, as follows from borehole H1 on the left bank, from H2 on the right side and one sample from the river.

在坝址采取 3 组水样,分别来自左岸钻孔 H1、右岸钻孔 H2 以及河水。

There is a significantly lower percentage of Jurassic age rocks which are represented by sandstone, chert, and marly limestone and on the surface, there is mainly deluvial cover with variable thickness and prevalence.

侏罗系地层分布范围小，岩性多为砂岩、燧石、泥质灰岩，地表多覆盖洪积物，厚度变化大，分布较广。

The loose overburden was found to be max 5 m in depth，the foundation of concrete gravity dam can take place in bedrock.

据调查，松散覆盖层最大厚度为 5 m，混凝土重力坝可置于基岩上。

Quaternary formations take up a little space.

第四系地层分布范围小。

Alluvial deposits(al)cover a large area in the valleys of river.

冲积物(al)多分布在河谷。

Alluvial sediments，on the dividing profile，appear on the right bank of the river AR and are presented by fine-grained sands，medium-grained and coarse-grained gravels. These layers are up to 8 m thick.

在地质剖面上，冲积层分布在 AR 河右岸，多为细砂、中粗砾，最大厚度为 8 m。

Deluvial sediments(d)are usually developed on the valley sides of the main water flows or in areas of sudden changes in slopes that are constructed from Triassic and Cretaceous carbonate formations.

洪积层(d)多分布在河流两岸，而三叠系-白垩系碳酸盐岩多分布在山坡地形突变地带。

Quaternary creations cover a large part of terrain and are presented by alluvial and diluvial sediments.

第四系地层多分布在阶地，岩性多为冲洪积物。

Diluvial debris appears in form of clayey，medium compressed debris，limestone's blocks etc. on the right bank. These layers are 3~6 m thick. On the left side，these sediments are presented by medium-grained limestone debris with thickness of 2~7 m. Debris on the slopes is stable under natural conditions. This stability may be affected with larger excavations and cuttings，especially due to the long standing in the rain and in winter periods.

在右岸，洪积物为黏土质、中等压缩性碎石（灰岩）土，厚度为 3~6 m。而在左岸，洪积物岩性为中粒灰岩质碎石，厚度为 2~7 m。在天然状态下，岸坡上坡积物处于稳定状态，但可能受到大开挖影响，特别是在漫长的雨季和冬季。

Group of Quaternary deposits mainly consists of alluvial and diluvial sediments which cover the basic rock.

第四系堆积层主要由冲积层、洪积层组成，下伏基岩。

The overburden material is found to continue to the maximum excavated depth of 3 m.

在最大勘探深度 3 m 内，均为覆盖层。

The coarse as well as fine aggregate material is not well graded but is skip graded.

粗细骨料级配较差、不连续。

The research area where the construction of facilities of HPP is predicted is built of rocks of middle-Triassic age.

预计 HPP 建筑物可建在三叠系中统基岩上。

Summarizing, the following figures are assumed for the mica schist and psammitic, graphitic phyllite in case of K Group and the granitic gneisses in case of B Group.

总之，下图适用于 K 组云母片岩、碎屑、石墨千枚岩和 B 组花岗片麻岩。

The oldest rocks in the area are the Jurassic to middle Eocene aged Phyllite, which grades into the equivalent of the Wac beds and C Group slate.

区域内最古老岩石为侏罗系-中始新统千枚岩，与 Wac 层和 C 组板岩类似。

The dam is of sandstone, slate and marlstone.

坝址岩石为砂岩、板岩和泥灰岩。

Group of clastic-flysch sediments consists of shales, sandstones, marlstone and conglo-breecia.

碎屑复理石层岩性多为页岩、砂岩、泥灰岩、砾岩。

According to engineering-geological characteristics in the accumulation area, the following four areas are identified.
在工程区内,依据工程地质特性,可划分为 4 个区域。

Unbound mainly coarse-grained, partly clayey rocks, with variable physical-mechanical characteristics, unsuitable for building.
未胶结粗粒土,部分为黏土质碎块石,物理力学性质变化较大,不宜用作建筑物地基。

Clastic-flysch rocks with variable physical-mechanical characteristics, conditionally favorable for building.
碎屑复理石层物理力学性质变化较大,可有条件地用作建筑物地基。

The solid rock masses include sandstones, conglomerates, spilites, gabbro and amphibolites, cracked in places, suitable for building.
坚硬岩石包括砂岩、砾岩、细碧岩、辉长岩、角闪岩,局部裂隙发育,适宜作为建筑物地基。

Solid rock masses with carbonate structure, massive to banked, cracked in places and cavernous, suitable for building.
坚硬碳酸岩为整体状-厚层状,局部发育裂隙和岩溶,适宜作为建筑物地基。

In the immediate area of research, the most frequent are Triassic formations. These rocks are formations of Middle Triassic. Lesser presence have formations of Jurassic age, which are located in the area of AB.
在研究区域内,主要地层为三叠系中统,而侏罗系局部发育,仅出露在 AB 地区。

As previously mentioned, the rocks of Triassic age have the highest distribution in the immediate area of future research, and also they are very different by lithological composition.
正如前述,在研究区域内,三叠系地层广泛分布,但岩性较复杂。

South and south-east of the investigation area, in the Paleozoic area were allocated series of the sediments, which includes the creations of Permian and Lower Triassic. This series is marked as the Permian-Triassic. Allocated on the basis of superposition. It lies concordantly over a series of Carboniferous and Devonian-Carboniferous, and in the base of the Lower or Middle Triassic.

在勘察区南部、东南部分布的沉积岩主要为二叠系和三叠系下统，其属于二叠系-三叠系，分布在上部。与石炭系、泥盆系-石炭系整合接触，位于三叠系下统或中统地层下部。

Permian-Triassic sediments in the area of the river build a wide area and can be found on both sides of the river.

二叠系-三叠系沉积岩多分布在河谷，特别是两岸。

Permian-Triassic is represented by alternation of colored quartz sandstone, sandstone with mica.

二叠系-三叠系地层岩性为石英砂岩、含云母砂岩互层。

Quartz sandstones occur in the series as a layer of thickness up to 1 m. They are quite compact. Colors are gray-brown, pale gray and red, gray and dark gray sandstones occur in the lower, and the red in the upper part series.

石英砂岩层厚度可达 1 m，较为密实。灰褐色、浅灰色、红色、灰色和黑灰色砂岩分布在下部，红色岩层分布在上部。

Mica sandstones are rocks with shales texture. The colors are gray and dark-gray. They are made of tiny grains of quartz, muscovite, sericite and plagioclase.

云母砂岩具页岩结构，为灰色和黑灰色，含少量石英、白云母、绢云母和斜长石。

Lithoclastic sandstones are gray and dark-gray colors. They occur in the form of layers and less in the banked form.

碎屑砂岩为灰色和黑灰色，多为层状，厚层状岩层较少。

It has the largest distribution in the surroundings of the investigation area. From the sections of Middle Triassic, the AB floor are proved and extracted.

在广大勘察区域内,三叠系中统 AB 层分布较广。

Kilometer mass of volcanic rocks in the Triassic units were separated east of the river.

三叠纪火山岩分布在河流东部,绵延近 1 km。

In the construction of the Jurassic series were represented sedimentary, volcanic and metamorphic rocks.

侏罗系地层主要为沉积岩、火山岩和变质岩。

Shales and marlstones are among the most common members of this series.

该岩组,页岩和泥灰岩较为多见。

Sandstones also have a large distribution, rarely they are preserved in the form of layers.

砂岩也分布较广,且多为非层状。

Conglomerates are rarely members of this formation. They are composed of quartz pebbles, then slightly curved pieces of cherts, diabase, shales, sandstones and sometimes limestones.

该层砾岩少见,其由石英质砾、棱角燧石、辉绿岩、页岩、砂岩组成,有时可见灰岩。

They are presented in the utmost western parts of Q massif.

它们主要分布在 Q 山以西大部地带。

The rock of the B Group and K Group exhibit a predominantly north trending foliation that dips steeply to the east and west. The lecuogranite has a very weak foliation defined by biotite, and is the least foliated of the units within the area.

B 组和 K 组岩石 N 向片理发育,倾向东和西,倾角较陡。由于含黑云母,浅色花岗岩片理不发育,是区域内片理最不发育的岩层。

In the surroundings freshwater Neogene sediments are developed which form part of the Neogene basins.

在周围地带,分布新近系淡水沉积物,并形成了新近纪盆地。

Clastic-flysch sediments on the exploration area i.e. on the right bank are primarily presented by the dark-gray shales and gray thin-layered sandstones, then by marlstones, clays and subordinate breccias and conglomerates i.e. conglomerates-breccias.

勘察区内右岸碎屑复理石层岩性主要为黑灰色页岩、灰色薄层砂岩,其次为泥灰岩、黏土、角砾岩和砾岩,即砾岩-角砾岩。

The group of limestone sediments primarily consists of limestones on the left bank of dividing place, which are presented by layered to banked and massive gray and gray-red limestones. The riverbed and the right side above the dam crown, i.e. above the level of 375 m is made of these limestones. Layers stretch parallel to the river.

灰岩类沉积岩主要分布在左岸分水岭,为层状、厚层状、整体状灰色、灰红色灰岩。河床和右岸坝顶,即高程 375 m 以上,亦分布灰岩,且层理与河流流向平行。

The rock group are highly deformed and tectonized under compression due to their plastic nature.

在围压下,由于其具有塑性,岩石变形较强,构造较发育。

Graphitic phyllite is tan buff, yellow brown, reddish brown, whitish gray to creamish gray on weathered surface, and dark gray to black on fresh surface, fine to medium grained, thinly laminated to medium bedded and massive, soft to moderately hard, hardness increases with decrease in graphitic content which ranges from 5% to 15%.

石墨千枚岩,风化岩石面为棕褐色、黄褐色、红褐色、白灰色-乳灰色;新鲜岩石面为黑灰色-黑色,细中粒,薄层-中厚层和整体状,软-中硬岩;随石墨含量降低,硬度可提高 5%~15%。

The granite gneiss of the B Group is sparsely to moderately jointed, major joints and shears are aligned along the gneiss bandings in N-S direction, thus producing weaker zone more prone to weathering.

B 组花岗片麻岩节理弱-中等发育,主要节理和剪切带沿片麻岩 N-S 向发育,由于风化易形成软弱带。

These rock units have variable engineering properties depending upon the degree of weathering, tectonic disturbance, and hydrogeological conditions.

岩石工程性质变化大,受风化程度、构造扰动程度和水文地质条件控制。

In engineering terms, graphitic schist represents a weak zone in the B Group. Schistosity is moderately to well developed and rock is thinly laminated.

从工程观点来看,B 组石墨片岩属于软弱带,片理中等-很发育,岩石为薄板状。

The contract between both series is either faulted and/or highly permeable irrespective of its depth below surface.

两地层接触带或为断层,或/和为强透水带,与深度无关。

The prevailing system of cracks on the left bank have the azimuth of stretching of about 260° and the angle of laying of about 68°, while on the right bank prevail cracks with elements of 240°/72°.

左岸主要裂隙走向约 260°,倾角约 68°,而右岸主要裂隙产状为 240°/72°。

Besides the main cleavage at the dam location more significant cleavages were noted, those which are approximately parallel to the flow the river, and those which are approximately perpendicular to this direction.

此外,坝址除主要劈理外,还发育其他劈理,部分大致与河流流向平行,部分大致与河流垂直。

Cleavage that extends between the boreholes B1 and B2, B5 and B7, and so it is characterized by the azimuth 8° and fall angle of 74°.

劈理沿钻孔 B1 和 B2、B5 和 B7 发育,走向 8°,倾角 74°。

It is assessed that about 60% joints are tight and 40% open while opening ranges from <1 cm to 4 cm. Joint planes are smooth to undulatory and weathered at surface. Joint openings are generally empty where as at places it is found filled with fine schistose material and fragments.

预计 60%节理紧闭,40%节理张开,张开度<1 cm~4 cm。节理面平直-起伏,可见

风化迹象。一般张开节理无充填,局部充填细片物质和岩块。

North-south trending joints have rough surface and these joints are generally aligned along the rock fabric. The east-west trending joints have generally smooth surface and are aligned across the rock fabric.

南北向节理面粗糙,多沿岩石构造发育;东西向节理面平直,与岩石构造垂直。

The presence of joints up to 23 cm wide and having dip towards the flow of river will have to be grouted to avoid seepages at both banks.

节理张开度可达 23 cm,倾向河流流向,为避免两岸渗漏,需进行灌浆。

There is a series of springs along its contact with B Group in watershed area.

在分水岭,沿其与 B 组接触带发育一系列泉水。

There are many local variations in the inclination of this slope. The permeability values of these upper parts of slope will be less as compared to the middle and lower parts of the slope because the percentage of fines increases upwards. The factors responsible for present configuration of this slope are discussed as under.

边坡坡度变化较大。与中下部岩体相比,由于细颗粒增多,边坡上部岩体透水性较小,影响因素随后进行讨论。

In-situ permeability tests were undertaken in the river channel infill materials, the results range from 1×10^{-5} to 9×10^{-8} m/s, but generally the results indicated that a permeability of between 5×10^{-7} and 5×10^{-8} m/s would be reasonable for the overburden river channel infill material below 10 m depth with some zones of higher permeability expected.

对河床堆积物进行原位渗透试验,渗透系数为 1×10^{-5}~9×10^{-8} m/s;一般情况下,河床堆积物渗透系数为 5×10^{-7}~5×10^{-8} m/s,预计 10 m 以下存在局部强透水带。

Natural moisture contents of soils tested vary from 12% to 74%, several samples show NMC(Natural Moisture Content)greater than the plastic limit, indicating these materials may be difficult to work with and compact.

土的天然含水率为 12% ~74%。根据几组击实试验,天然含水率(NMC)大于塑限,表明这些土可能不易于加工,且压实较为困难。

The soil classification tests were undertaken of the clay materials retrieved from the boreholes, the results of the tests showed that the fines(<0.075 mm)content is in the range of 9%~46% and typically about 25%. Atterberg limits were determined for the fine fraction of the samples, these indicated that the clays were typically of high plasticity with an in-situ moisture content of 25%~50%. A compaction test was undertaken on a single sample of overburden material obtained from borehole, the test showed the MDD(Maximum Dry Density)17 kN/m^3 at an OMC(Optimum Moisture Content)of 23.2%.

钻孔采取黏性土样进行室内土的分类试验工作，根据试验结果，细颗粒(<0.075 mm)含量为 9%~46%，一般为约 25%。细粒土测试了界线含水率，根据试验结果，一般黏土塑限较高，而其含水率为 25%~50%。对钻孔土样进行击实试验，最大干密度(MDD)为 17 kN/m^3，最优含水率(OMC)为 23.2%。

The results show Is(50)strength to be in the range of 1~9 MPa, with the majority of the results in the 4 to 5 MPa range. The Uniaxial Compression Strength(UCS)test that undertaken on slightly weathered to fresh bedrock provided results that suggest the intact rock strength is less than 50 MPa and typically in the range of 25 to 40 MPa.

点荷载强度 Is(50)为 1~9 MPa，大多数试验结果为 4 ~ 5 MPa。微新岩石单轴抗压强度(UCS)小于 50 MPa，一般为 25~40 MPa。

Compressive strength of the phyllites is estimated as 30~50 MPa measured across foliation and 1~30 MPa at 45° angle with foliation.

估计千枚岩垂直片理方向抗压强度为 30~50 MPa，与片理斜交 45° 方向抗压强度为 1~30 MPa。

The Is(50)results are in the range of nominally 2~8 MPa with most common results in the range of 3~6 MPa. Direct shear strength testing of existing joint defects has been undertaken upon typical joints obtained from cores samples, typically it is determined that the best fit peak friction angle for the existing defect material is 25 degrees and the best fit residual friction angle is 23 degrees. Besides defects created in the laboratory by saw-cutting the intact core samples have been subjected to direct shear testing; the best fit peak friction angle for saw-cut defects has been interpreted to be 30 degrees and the best fit residual friction angle is 29 degrees.

点荷载强度 Is(50)试验结果为 2~8 MPa，多为 3~6 MPa。根据钻孔岩芯典型节理直剪试验，峰值摩擦角为 25°，残余摩擦角为 23°。此外，根据钻孔岩芯锯齿状节理直剪试验，峰值摩擦角为 30°，残余摩擦角为 29°。

The bedrock basically is named as dunite. Generally viewing, the rock mass is relative good and hard, also relative integrity. Density for fresh rock is in the range of 2.78~3.25 t/m^3; while the porosity of the intact rock fabric is very low in the range of 0.0%~0.6%. The results of UCS show a significant spread of UCS values that range between 10~75 MPa, with the majority of the results in the 30 to 80 MPa range, with an average of 47.5 MPa; the results indicate that the rock has a highly variable strength and is probably dominated by micro fracturing and tectonized overprinted foliations.

基岩基本为橄榄岩，一般来看，岩体较好且坚硬，完整性较好。新鲜岩石密度为 2.78~3.25 t/m^3，孔隙度较低，一般为 0.0%~0.6%。单轴抗压强度(UCS)变化较大，为 10~75 MPa，大多数试验结果为 30 ~80 MPa，平均值为 47.5 MPa，表明岩石强度变化大，多由微构造和构造片理控制。

Direct shear strength testing of discontinuity was determined that the residual friction angle average and cohesion average is 29(ranging between 19~42)degrees and 39.1 (ranging between 0~129)kPa respectively; while the peak friction angle average and cohesion average is 30(ranging between 17~45)degrees and 61.5(ranging between 0~245) kPa respectively.

不连续面直剪试验结果，残余摩擦角和凝聚力平均值分别为 29°（范围值 19° ~42°)、39.1 kPa(范围值 0~129 kPa)；峰值摩擦角和凝聚力平均值分别为 30°（范围值 17° ~45°)、61.5 kPa(范围值 0~245 kPa)。

Those parameters are not yet in hand due to missing rock mechanical investigation.

由于未进行岩石力学试验，现在还没有这些参数。

Positions of specified engineering-geological areas in the dam area are shown in the Appendix no. 6.

坝址区工程地质较为特殊部位详见附件 6。

As noted earlier, the exploration area has got extremely complex geological and consequently tectonic structure too.

如早期预测,勘察区地质和构造极为复杂。

Despite the fact that the decision concerning “Alternative North” or “South” was made on basis of other but geological reasons. At least a series of geological layout plans and sections in view of relevant structures should had been prepared by the contractor during the investigation phase to follow-up the works directly and in full concern of the just received results.

尽管方案 North 和 South 的选择是基于其他因素,而不是地质因素。在勘察期间承包商至少应该编制相关建筑物的地质图和剖面图,并跟进后续工作和充分考虑刚收到的成果。

The geological conditions and criteria, which are of importance for the comparison of both alternatives, are given below, the succession of which, however, is not necessarily the order of merit.

地质条件和标准对于两个方案比选至关重要,具体简述如下,然而其顺序并不是按照优劣排列。

Dam B can be founded on bedrock in a reasonable depth, while Dam A will meet very indifferent conditions in view of too thick alluvial deposits, changing rock properties along the abutments, and due to the occurrence of a fault zone underneath the dam.

B 坝可建在合适埋深的基岩上,而 A 坝地质条件不同,分布较厚冲积层,坝肩岩石特征变化较大,坝基发育一条断层带。

Summarizing, it is recommended by engineering geological aspects to choose the Dam Alternative B for further planning and assessments.

总之,从工程地质条件来看,选择坝址 B 作为未来工作方案。

An interpretation of the engineering geological conditions is given, the reliability of which is believed to have a high level, although details is remain unclear.

认为提出的工程地质条件解读成果可靠度较高,尽管一些细节还不明确。

The question whether to shift the tunnel axis towards the north in order to reduce the rock cover by some hundreds of meters from now 1 100 m to say 800 m.

这个问题为是否将洞线向北移动使隧洞埋深减小数百米,即从现在的 1 100 m 减小,例如 800 m。

All the rock types can be vary considerably in their strength properties, depending on factors like grain size, porosity, and cementing agents. Schists will exhibit very marked strength anisotropy.

所有岩石强度变化明显,主要取决于粒径、孔隙度、胶结物。片岩强度表现出各向异性。

The engineering geological imponderabilia are not expected.

预计不会出现无法估量的工程地质问题。

Surge structures and pressure shafts normally are located on exposed locations (slope, ridges)and therefore have respective unfavorable access condition as well as worse engineering geological conditions.

一般,调压建筑物和压力竖井位于山坡和山梁上,因此交通条件较为不便,工程地质条件较差。

This report describes the studies carried out for the project, presents results and discussions their implications. The engineering implications of geological conditions have been analyzed to determine the suitability of the site for the proposed hydropower project.

本报告简述了项目研究成果,讨论了有关问题,给出了结论,分析了工程地质问题,以便确定拟建水电工程场址适宜性。

Although these boulders do not contain fines as matrix but as they are lying on a mild slope so they may not pose any threat to the civil structures downward.

由于漂石不含细颗粒,分布在缓坡上,因此对其下部建筑物不会有影响。

The possibility of sliding and rolling down of the material from these terraces to the K river appears to be remote due to the following reasons.

由于下列原因,台地上岩土向 K 河谷滑动和滚动的可能性小。

Although the angle of inclination of this slope deposit is quite high but still it does not pose any major potential risk and hazard related to sliding because the slope appears to be well consolidated due to the presence of the fines in a reasonable amount.

尽管山坡坡度较陡，但不会因堆积物滑动而引起较大潜在的危险和灾害，这是由于堆积物含有一定量细粒物质，其固结良好。

The river K is generally flowing across the strike of the rock, in some areas is flowing along the strike.

一般K河流向与岩石走向垂直，部分地带与岩石走向一致。

The dam structure will be susceptible to any slight movement along the fault zone.

大坝会易于沿断层带发生轻微移动。

Generally the deformation of schist is moderate, when normal to foliations. Low, when parallel to foliations. These rocks have high strength when normal to the foliations. Low, when parallel to foliations.

通常，垂直片理方向，片岩变形中等；平行片理方向，变形较低。垂直片理方向，岩石强度较高，而平行片理方向，其强度较低。

The evaluation given below are very rough estimates of the ground conditions based on the information available from existing geological literatures, field study and on the site observation.

利用目前地质文献中的现有资料、现场研究和观察，粗略评估地质条件如下。

Hereunder is summarized the criteria set for evaluation of site conditions and their implications related to engineering geological aspects. Based on details included in this report conclusions are drawn to finalize the lay out of various civil structures to be constructed at this project and recommendations are presented for the design of the project with regard to the geo-engineering aspects.

场址地质条件评价的标准和与此有关的工程地质问题总结如下。以本报告详细结论为基础，最终确定工程区各个建筑物布置，并根据工程地质条件对工程设计提出了有关建议。

Grouting of only bedrock joints will be required to provided curtain below the dam foundation level to check the seepage under the dam structure.

仅坝基基岩节理将进行灌浆，以形成坝基防渗帷幕，控制坝基渗漏。

The maximum operating level is assumed at 825 m, providing a total storage of more than a million m^3 within the surface area of about 1 km^2, covering about 1 km distance upstream of the dam axis.

最高运行水位为 825 m，相应总库容大于 100 万立方米，水面面积约 1 km^2，从坝轴线向上游回水距离约 1 km。

The adverse effects of blasting should be kept to a minimum so that nearby structures and personnel are nor damaged, or injured and complaints from local residents are kept to a minimum.

爆破不利影响应控制在最小，以便附近建筑物和人员不受损坏或伤害，使当地居民投诉保持在最低水平。

For curtain grouting of the weir a maximum distance of 4 m shall be used for the grout holes for the first stage grouting(Series A). For the second stage, testing and grouting holes shall be placed in between, resulting in distance of grout of 2 m(Series B). If required, at the third stage, testing and grout holes are again placed between the holes of the previous Series B, resulting in 1 m distance of grout holes(Series C).

堰基帷幕灌浆，一序灌浆孔(A 序列)最大间距选用 4 m。在第二阶段，测试孔和灌浆孔位于一序孔之间，灌浆孔间距为 2 m(B 序列)。如有必要，在第三阶段，测试孔和灌浆孔位于二序孔(B 序列)之间，灌浆孔(C 序列)间距为 1 m。

Six rock mass classification systems have enjoyed greater use. The average conditions rather the worst are considered.

采用了 6 种岩体分类方法，其考虑一般条件，而不是最差条件。

In addition to the presented comparison of different, internationally recognized rock classification systems, the link between the associated of the specified rock classes(rock class A to G as per Lauffer, with respective/associated Q-value ranges as per NGI-method, and/or the equivalent RMR-value ranges as per the Rock Mass Rating System), and the rock supporting measures, proposed by the contractor in the submitted documentation has not been adequately established for the individual underground structures of tunnel/shafts. Hence, the contractor is requested to provide such logical association/link as is commonly used.

除对比国际上认可的岩体分类方法差异外,承包商提交的文件中未分别针对不同地下建筑物隧洞、竖井建立围岩类别(采用 Lauffer A ~ G 与 NGI Q 数值和(或)岩体评分体系 RMR 数值分类法)与支护措施对应关系。因此,要求承包商提供常用的逻辑对应关系。

Simplified engineering-geological classifications, as well as sophisticated mathematical formulations have in many stances proven to be valuable tools in assessing rock mass behavior. However, they are often both in literature as well as in engineering practice given a general validity although they may be highly inadequate both from the point of view of restrictive assumptions, and from the point of view of the variability of rock masses.

在评价岩体特性方面,在许多情况下,简单工程地质分类、复杂数学公式被证实是较为实用的方法。虽然它们作为文献和工程实践具有普遍性,但从严格假设条件和岩体多变性来看,具有很强的不适应性。

Most of them have proven to be of great value in geological engineering when carefully used, considering the conditions that are specific to each individual site. On the other hand, most of them are continuously misused because the premises for and assumptions made in developing the classification systems have not been carefully studied by users, and because they have been given a validity for “quantification” of rock mass behavior that is more general than was intended by their authors.

如谨慎采用,大部分分类方法对工程地质具有很大的应用价值,且需针对具体场址条件。另外,用户未认真研究其开发前提和假设条件,大多分类方法被误用,这种现象比其作者预期的更为普遍,因为在“量化”岩体条件方面它们是有效的。

The contractor has not given any consideration to Mining Rock Mass Classification (RMR-system)although it gives due consideration to all parameters forming the basis of the RMR-system as well as additional adjustment factors for joint conditions as well as groundwater. Please comment.

尽管合理考虑了 RMR 分类方法所有参数,以及节理和地下水条件调整系数,但承包商未考虑 RMR 分类方法。

The NATM(New Austrian Tunneling Method)is an underground excavation and support concept/methodology, successfully applied internationally since several decades, leading to safe underground construction. It has been successfully used worldwide for underground construction works for a wide variety of purpose in all type of ground conditions. It is an internationally recognized system, and shall therefore be adopted in the implementation of the underground works for this project.

几十年来,在国际上新奥法得到广泛认可,它是一种地下施工开挖和支护的理念和方法,可达到地下安全施工,被成功应用到国际地下工程各个领域。它是一种国际上公认的系统,因此将应用到本项目的地下建筑物。

Whatever classification system may be chosen, the stratigraphical position of a rock mass does not have any influence on the classification. It is, however, obvious that the petrological conditions and the structural behavior of rock mass cause a certain difference.

无论选用哪种分类方法,地层分布对分类方法没有任何影响。然而,显而易见,岩体的岩性和构造有一定影响。

Generally it is foreseen that the tunnels are driven in ascending direction. Furthermore, very limited water inflow is expected during construction of the underground structures of the project.

通常,预计隧洞采用上坡式掘进;此外,本工程地下建筑物施工期间预计涌水量有限。

The diversion tunnel on the left bank will meet very unfavorable conditions in its outlet portal area.

在出口段,左岸导流洞将会遇到不利条件。

The crossing of the Highway by two tunnels will create no unsurmountable difficulties as both of them will be headed in granitic gneisses.

两条隧洞在花岗片麻岩中掘进,其穿越高速公路不会出现难以预料的困难。

We are of the opinion that more detailed survey on “microscales” is needed to define the characteristic of shear zones particularly the contract between B Group and K Group rocks, which crosses the tunnel alignment, so that and its extension to the level of the tunnel may be well defined and its implications are assessed.

我们认为,确定剪切带特性的小范围详细调查是必要的,特别是岩组 B 和 K 接触带,其与洞线相交,以便确定其与洞线底板相交位置,并分析其影响。

The tunneling aspects also point to Alternative B, all results at Alternative A show disadvantages.

隧洞方案倾向于方案 B,所有结果表明,方案 A 有明显缺点。

Running parallel to the fault zone in the vicinity. No other geological reason is not known yet to change the location of the tunnel axis.

在断层带附近,洞线与其近于平行。截至目前,暂无其他地质原因需对洞线位置进行调整。

For estimating approximate rock parameters for the two diversion tunnels, a regional geological mapping was carried out.

为粗略预估两条导流洞岩石参数,进行了区域地质测绘。

Whether to head the tunnel with TBM or conventionally has to be mentioned at the beginning. No mechanical investigation results are available, on which a decision could be made.

一开始,隧洞掘进就讨论了 TBM 和常规方法。没有可以利用的岩石力学试验结果,并据此做出决定。

It seems to be very well possible to use a TBM for heading works. So far only values from literature can be taken into consideration.

隧洞掘进很可能采用 TBM,到目前为止,仅有文献资料可供参考。

The number, distance and length of rock bolts and so on, if any, are strictly subject to the actual geological conditions.

如果有,岩石锚杆数量、间距和长度等主要取决于实际地质条件。

A headrace tunnel, of about 5 000 m length, is provided to short cut the conveyance of water from reservoir area to the power house.

引水发电隧洞,长度约 5 000 m,是从水库至电站厂房较短的线路。

The proposed headrace tunnel originates in K Group, crosses the angular unconformity which comprises pebble conglomerates, finally passes through B Group and opens in the gneisses and granites of the same group.

拟建引水发电隧洞从 K 组岩层开始,穿过砾岩组成的角度不整合接触带,最终穿过 B 岩组,出口岩层为同一岩组片麻岩、花岗岩。

The proposed tunnel will mostly cut across the strike of the rock units which are dipping at high angles. So the dip and strike of the rocks is favourable.

拟建隧洞线将会与岩层走向大角度相交,因此岩层走向和倾角较为有利。

Tunnel size may be attractive for international contractors to participate in construction of this project who may consider TBM on merits. The excavations in overburden material will have different problems at different structure locations due to the differing in-situ conditions.

隧洞规模可以吸引考虑 TBM 优点的国际承包商参加项目建设。由于现场条件不同,不同建筑物的覆盖层开挖可能遇到不同问题。

From the engineering geological point of view, the graphitic phyllite is the weakest of all the rock units to be encountered in the tunnel alignment. The foliation of K Group is primarily north trending and steeply east or west dipping.

从工程地质观点出发,石墨千枚岩是隧洞遇到的最软弱岩石,K 组岩石片理走向多为 N-S 向,倾向 E 或 W,角度较陡。

According to the construction standard these sediments belong to the second and the third category, they belong to the "light soil" for excavation.

根据施工开挖标准,这些沉积物属于第二类和第三类,即开挖土层属于"轻质土"。

While drilling, water always has to be drained, natural groundwater, pouring in through joints, is expected only in the vicinity of the portals, where the rock cover is limited to some decameters.

仅在隧洞洞口(盖层厚度数十米)钻进时,预计地下水通过节理涌入,需采取排水措施。

An important question concerns the external water pressure onto the armoured pressure tunnel and pressure shaft, respectively. The estimation of the highest expected external pressure is one of the most delicate problems, and depends essentially on the hydrogeological basic data, such as geological structure, stratification, waterways, and permeability. No general valid theory exists for such a calculation.

一个重要问题是分别作用在压力隧洞和压力竖井上的外水压力。预测最大外水压力是一个较为棘手的问题,主要取决于水文地质条件,例如地质构造、地层、渗流、渗透性。这样计算不存在普遍适用的理论。

The project area is surrounded by seismic tectonic active zone. Though no damages of concern at this site have been reported in historical records, but major damages have been reported at the adjoining areas due to earthquakes in the region.

工程区周边发育活动地震构造带。根据历史资料,场区没有破坏性地震记录,但邻近地区有破坏性地震记录。

The heading of column reading "load" does not convey any meaning. This column shall be deleted, as the information in entirely superfluous. Please note, that each activity shall have a unique serial number.

栏目标题"荷载"没有任何意义,属于多余内容,这列应予以删除。请注意,每个项目应具有唯一编号。

"Sampling on rock" shall be deleted, as this activity will not form a separate of the contractor's activity, related to the site investigations. Nevertheless, a remark shall be added against activity "rock physical & mechanical property tests" in order to indicate, that core samples for laboratory testing are to be selected jointly by the designated personnel of the contractor & the engineer from the core recovery and shall be tested in laboratory at the expense/cost of the employer.

"岩石取样"应予以删除,因为这项工作并不是承包商的一项单独工作,其与场址勘察工作有关。此外,应补充一条注解,说明“岩石物理力学性质试验”岩芯样品拟由承包商委派人员和工程师共同从岩芯中选取,并由业主承担相关试验费用。

All comments in this report are based on own field investigations and own evaluations concerning bore cores, water pressure tests.

本报告中所有评价均是依据现场调查,对钻孔岩芯和压水试验的个人认识。

20.2 钻探(drilling)

Core recovery equipment shall normally be double tube ball-bearing swivel type core barrels with the core-lifter located in the lower end of the inner barrel.

取芯设备常采用双管球轴承旋转式岩芯管,并且内管底端配备岩芯提取器。

A core box shall be of inside length of 1.0 m and be provided with longitudinal separators for storing of 5 core columns and with a hinged lid.

岩芯箱内长度为 1.0 m,并配备纵向隔板,以便存放 5 行岩芯柱,并配备铰链固定箱盖。

Core boxes with different internal partition widths shall be provided to suit different core sizes. Normally cores will be placed in boxes of the appropriate size. The remainder of the trays in a box holding larger diameter core may be filled with smaller diameter core provided that wooden packing pieces of the correct thickness shall be available for use alongside the smaller diameter core to prevent rolling within the tray. If a length of core does not fill a section of the box, square section wooden spacers painted blue shall be available to prevent the core sliding in the box.

配备内宽度不同岩芯槽的岩芯箱,以适应不同规格岩芯。一般情况下,岩芯会存放在规格适宜的岩芯箱。存放大孔径岩芯的岩芯箱岩芯槽富裕空间可采用小孔径岩芯填充,并沿小孔径岩芯柱放置厚度合适的木质隔板,以防止小孔径岩芯在岩芯槽内滚动。如一段岩芯长度不能完全填满一个岩芯槽,在剩余空间可放置正方形断面蓝色木块,阻止岩芯在岩芯箱内滑动。

Where core does not fully fit a core box tray, it shall not be broken unless the breaks are clearly marked with two indelible lines that cross the break. Any break introduced by handling shall be marked in the same way. The core shall be left justified in the core box trays and any space at the right hand end of the core box tray shall be filled with blue painted square cross section blocks cut to fit the space and thus prevent the core from sliding about during transport.

如果岩芯不能完整存放在一个岩芯槽中,除在岩芯折断部位采用两个不可擦除的线条清晰地进行标记外,不宜人为折断岩芯。任何岩芯搬运造成的岩芯折断均采用相同方法进行标记。岩芯存放在岩芯槽内应保持左对齐,岩芯槽右手侧任何空隙应放置断面为正方形的蓝色方块填充空隙,以防止搬运过程中岩芯滑动。

The rods, including the packer at the far end, are to be laid out horizontally along the ground, with the same set up of pump, gauges and flow metres at the near end as for a water pressure test. Additionally, a pressure gauge and a flow regulating device shall be attached beyond the packer.

对于压水试验,钻杆,包括远端栓塞,沿地面水平布置,在近端安装水泵、压力表、流量表。此外,压力表和流量表安装在栓塞外管路。

Penetration tests in borehole(SPT), the unit of the test is the number of hits of a sliding mallet, weight of 63.5 kg, which falls from the height of 76 cm.

标准贯入试验(SPT)是一种记录重量 63.5 kg、落距 76 cm 的滑动重锤锤击数次数的测试。

20.3 地震(earthquake)

For design life of 50 years, the peak horizontal accelerations at 50% and 10% probability of exceedence is 0.15*g* and 0.24*g* respectively.

对于 50 年设计寿命,超越概率 50%和 10%的水平峰值加速度分别为 0.15*g* 和 0.24*g*。

The seismic risk evaluation requires consideration of seismotectonic activity in the area and its implications to the sitting of the project. The project situated in invulnerable seismic region will be little affected by earthquake and seismic risk will be low. However, the project situated in active seismic zones requires special considerations to design them "earthquake resistant" to avoid any hazard.

地震危险性评估需考虑区域内地震构造活动性以及其对工程的影响。地处地震破坏小地区的工程受地震影响小,地震危险性低。然而,地处活动地震带的工程需进行抗震设计,以避免造成破坏。

The methodology of seismic risk evaluation, adopted for present study, is discussed and conclusions are presented hereunder.

现研究阶段选用的地震危险性评估方法讨论和结论总结如下。

The maximum design earthquake(MDE)will produce that maximum of ground motion for which the project structures should be designed. For project whose failure would present a great social hazard, MDE will normally be taken as equal to maximum credible earthquake(MCE). For MDE, and acceleration value of 0.25*g* is recommended which has 10% probability of exceedence for project life of 50 years. The corresponding return period of this acceleration is 475 years.

最大设计地震(MDE)指建筑物设计所能承受的最大地面震动。对建筑物损坏会造成很大社会灾害的工程,通常最大设计地震(MDE)等于最大可信地震(MCE)。对于 MDE,在工程 50 年寿命期,超越概率 10%,建议加速度选用 0.25*g*,相应重现期为 475 年。

The operating basis earthquake(OBE)represents the level of ground motion at which minor damage is acceptable. It is related to seismic loading which a civil structure must withstand without loss of operational capability.

运行基本地震(OBE)指地面震动造成的轻微损坏可以接受的地震。它与土木建筑物在不丧失其运行功能的情况下所能承受的地震荷载有关。

Earthquakes of magnitude of VII and VIII(MM scale)have hit the region causing damages to the property and population in the neighboring area of site.

该区域遭遇了 VII 和 VIII 级地震(MM 分类标准),并对邻近地区造成了人员和财产损失。

The methodology described below was adopted on the basis of data available for the area as well as the information requirements for the project. The available data was analyzed to establish seismic design parameters and evaluation was made for the seismic risk and associated hazard which could affect the operational functioning of the proposed hydropower plant at the site.

下述方法是基于区域内可利用资料以及本项目所需要的资料确定的。分析可利用资料用以确定地震设计参数,评价地震危险性,以及可能影响场址拟建水电站的正常运行的有关灾害。

The seismic hazard analysis included the identification of the tectonic and geological features affecting the project area. Seismictectonic set-up of the region was studied.

地震灾害分析包括对工程区有影响的构造和地质条件识别,研究区域内地震构造背景。

The gathering of seismictectonic information for the project area included the review of basic geology and tectonics within zone of interest to the project site, with particular attention to the faults as shown in Annex III. Review and evaluation of both historical and instrumental seismicity was conducted to understand the seismic pattern of the region.

收集工程区域地震构造资料,包括工程区域内基本地质和构造复核,特别需要注意附件 III 所列断层。分析与评估历史记录地震、仪器观测地震是为了认识区域地震格局。

For the evaluation of seismic hazard for the project, ICLOD(1989, Selecting Seismic Parameters For Large Dams, Bull. No. 72, International Commission On Large Dam, Paris)Guidelines for selecting seismic parameters for large dams are generally being followed. The seismic hazard analysis is accomplished by using either a deterministic or probabilistic procedure.

项目地震灾害评估通常遵循国际大坝委员会大坝地震参数选取指南(1989 年巴黎国际大坝委员会 72 公报——《大坝地震参数选取》)。地震灾害分析采用确定性法或概率法。

In deterministic procedure for choosing seismic design parameters magnitude and distance is ascertained by identifying critical active faults which show evidence of movement in quaternary period, the capability of these faults is ascertained through established methods such as length-magnitude relationship or faults movement-magnitude relationships. Because of many reasons, reliable data about fault rupture length, fault is not known for the project area. Therefore, deterministic procedure is not being adopted for seismic risk analysis.

对于确定性法,选择地震设计参数震级和距离是通过识别第四纪有活动迹象的重要活动性断层确定的,而借助于建立对应关系(例如长度-震级或断层位移-震级关系)查明这些地震的发震能力。由于多种原因,在工程区内,有关断层破裂长度的可靠数据不详。因此,地震危险性分析不采用确定性方法。

A probabilistic method involves obtaining through mathematical and statistical process, the relationship between a ground motion parameters and its probability of exceedence at the site during life interval of the project. The probabilistic analysis originally developed by Cornell is based on the following parameters.

概率法通过数学和统计方法确定工程寿命期场址内地面运动参数和超越概率关系。基于下列数据,Cornell 首次提出了概率分析法。

The earthquake source model is being developed on the basis of tectonic and seismic data discussed in section 2 and 3. A composite list of all earthquake recorded within 200 km the site has been prepared using teleseismic data available from various national and international sources to develop the magnitude frequency relationship and seismic activity rate. By selecting appropriate attenuation relationship, horizontal ground acceleration for various probability of exceedence during the project life will be calculated.

依据构造和第 2、3 节所列地震数据建立震源模型。利用各国和国际机构获取的远程信息处理数据整理出场址 200 km 范围内所有地震完整记录,据此研究地震-频率关系以及地震活动率。通过选用合适的衰减关系,估算出在工程寿命期内不同超越概率下的水平地面加速度。

As per ICLOD Guidelines two design earthquakes will be selected for the project, the Maximum Design Earthquake(MDE)and the Operating Basis Earthquake(OBE)after defining acceptable risk level for various structures.

在确定不同建筑物可接受的地震风险水平后,依据 ICLOD 指南,本项目将选择 2 个设计地震,即最大设计地震(MDE)和运行基本地震(OBE)。

The simplest form of magnitude-frequency relationship used in engineering analysis is Richter'S Law which states that cumulative number of earthquakes occurring in a given period of time can be approximated by following equation.

在工程分析中,采用的最简单的震级-频率关系是理查德(Richter)定律,即在给定期限内发生地震的累计次数可通过下列公式近似求得。

Coefficient a and b can be derived from seismic data for individual fault if sufficient data are available. Because of inaccuracy in epicentral determination, recurrence relationship for individual source is difficult to develop. Therefore, recurrence relationship was determined for the area of 200 km radius of the site from the seismic data of composite list of earthquakes.

如果有充足的可用数据,系数 a 和 b 可从单个断层地震数据导出。由于震中位置不准确,很难确定单个震源的重现关系。因此,利用场址半径 200 km 范围内地震目录中的地震数据来确定重现关系。

Due to scarcity of available strong motion data, no attenuation equation could be developed for the region in which project site is located. Therefore, Joyner and Boore attenuation equation was used, as it is based on data of shallow earthquakes which are most likely given reasonably conservative value and therefore most widely used.

由于缺少可利用的强震数据,无法建立工程区衰减公式。因此,采用 Joyner 和 Boore 衰减公式,其是基于浅源地震开发的,其获得的结果为合理保守值,并得到广泛应用。

Since the seismic rupture generally involves fault area of finite extent, the maximum earthquake that a fault can produce has an upper bound magnitude. The upper bound or maximum magnitude earthquake is the one which have best probability of occurrence. The presently available methods of assigning maximum magnitude are based on empirical correlation between magnitude and some fault parameters, like rupture length, displacement etc. Because insufficient data is available about segmentation of major faults of study area and presence of subsurface fault, empirical correlation cannot be used directly to arrive at maximum magnitude of individual fault or seismic zone.

由于地震破裂通常涉及有限范围内的地震面积,一条断层能够产生最大地震有一个上限震级。上限震级或最大震级地震是指最有可能发生的地震。分析最大地震的现行方法是利用震级与一些断层参数的经验公式,例如破裂长度、断距等。由于研究区大断层分段和断层地下发育状况的可利用数据不足,经验公式不能直接用来确定单个断层或地震带的最大震级。

Integration is carried out by summing the effects of various elementary zones taking into account the effect of attenuation with distance.

在考虑衰减与距离关系条件下,积分计算是通过把各个基本区域的效果相加实现的。

20.4 水文地质(hydrogeology)

Permeability test using the Lugeon and Lefranc's method were carried out.

渗透试验方法为吕荣法和 Lefranc 法。

A total of 20 experiments were performed by the Lugeon and 15 experiments by the Lefranc method.

吕荣试验合计 20 段次,Lefranc 法试验合计 15 段次。

The great importance of the regular groundwater measurements in the boreholes must have been underestimated by the site staff, as many values are wrong or not at all interpretable. In some important cases, no measurements were carried out; at least no results were given in the daily reports. The water pressure test results in general seem to be quite reliable; the water pump capacity of 60~80 L/min did not reach the tendered and usual available quantity of 150 L/min at 15 bar(1.5 MPa).

现场员工轻视了常规钻孔地下水位观测的重要性,许多读数是错误或无法解释的。在一些重要情况下,却未进行观测,至少在日常报告中没有成果。一般来看,压水试验成果相当可靠,水泵容量 60~80 L/min 未达到标书要求,在 15 bar(1.5 MPa)压力下,水泵可用容量为 150 L/min。

The groundwater table in the thalweg and at the left bank shows irregularities.

河床深槽和左岸地下水位表现异常。

The permeability of the underground is high down to a depth of nearly 20 m causing sealing measures, however, was proved by four boreholes to become abruptly very small.

直到地下深度近 20 m，地层渗透性较强，需采取防渗措施，然而根据 4 个钻孔结果，地层渗透性突然减弱。

The water tightness of the reservoir was expected to be existed. More than moderate karst phenomena, such as slightly open joints and some oxydised zones along which little water may be seeped, have not been found. Water ways with acute danger for water losses into neighbouring catchment areas can be excluded. The possible seepage by-passing the weir has to be reduced or cut off by grouting measures.

预计水库不存在渗漏问题，未发现中等以上岩溶现象（例如可能引起很小渗漏的微张开节理、一些氧化带），可以排除库水渗漏到临谷的具有严重影响的渗漏通道，绕过堰体的可能渗漏通道必须减少或通过灌浆予以封堵。

The right bank seems to have generally high water losses irrespective of petrography and depth, due to its distinct exposure.

由于独特出露特征，一般右岸渗漏量大，并与岩性和深度无关。

The groundwater conditions have been found as expected; make-believe fluctuations on the left bank are caused by the projection of D6 into the drawing plane over a distance of about 60 m.

发现地下水条件与预期情况一致，左岸地下水位波动是由于剖面图上投影钻孔 D6 引起的，其距离较远，约为 60 m。

Water pressure tests shall be performed on sections of exploratory holes drilled in rock, and shall generally be performed using a single packer on sections of hole six meters in length, unless otherwise ordered by the engineer. They shall be conducted after completion of the drilling of each consecutive test length and in any event before the correction of caving.

在岩石钻孔分段进行压水试验，除非得到工程师指令，通常采用一个栓塞封闭试段，其长度为 6 m。每一个连续试段的钻探工作完成后即可进行压水试验，在任何情况下都要孔壁坍塌前进行试验。

The pressure gauge and flow meter must be coupled directly to the drill rods in the hole so that no bends occur in the water line between the pressure gauge and test section, but also so that pressure gauges and flow meters can be easily read.

压力表和水表直接安装在孔内钻杆上,以便于压力表和试段之间水路上无弯曲现象,并使压力表和水表便于读数。

After drilling and prior to testing, the hole shall be flushed clean of drill cuttings through the unexpended packer for at least 5 minutes with clean sediment-free water until the return water is clear. The standing water level shall then be measured and recorded after it has remained constant for 5 minutes and just prior to extending the packer and doing test. The water level shall again be measured and recorded immediately after the packer is released at the end of the test.

钻探后和试验前,未安装栓塞(封闭试段),采用无沉淀物清水清洗钻孔至少5分钟,直到返水清澈为止。稳定5分钟后,观测孔内水位并记录;在拆除栓塞前,进行试验。试段底部栓塞提起后,立刻再次观测和记录孔内水位。

Specifications and test pressures as above except that testing is done in stages of 5 m from the bottom up after the hole is drilled to final depth.

除钻孔钻进至终孔深度孔底5 m试段压水试验外,技术要求和试验压力如前文所述。

In general, slightly weathered-fresh rock mass permeability within the embankment abutments can be characterized as low to moderate 1×10^{-9} m/s(<1 Lu)~5×10^{-7} m/s(<5 Lus).

一般坝肩微风化-新鲜岩体透水性可划分为弱-中等(1×10^{-9} m/s(<1 Lu)~5×10^{-7} m/s(<5 Lus))。

20.5 建材(construction materials)

MT sand meets most specifications of the ASTM engineering properties like water absorption and so on. It departs somewhat from E-11 specifications of ASTM C-33 in respect of gradation. MT sand deposit is the only source of natural aggregate that can be exploited for K hydroelectric project. MT sand deposit is a huge sand deposit which occurs in the form of a terrace along river.

MT 砂料满足大多数 ASTM 规范的工程特性指标要求，如吸水率等，而级配与规范 ASTM C-33 E-11 要求有一些差别。MT 砂料是 K 水电工程唯一可开采天然骨料场。MT 砂料储量巨大，分布在沿河阶地上。

The area underlain by NN sand is at least 3.5 km^2. The average thickness of sand deposit is taken as at least 16 meters. These are rough estimates. One can safely say that there are several million cubic meters of sand reserves. For accurate determination of reserves, there is a need to carry out proper mapping and drilling. Nevertheless from surface exposure and cuttings by river, it can be safely said that reserves are several million cubic meters.

粗略估计，NN 砂料场面积至少为 3.5 km^2，砂层平均厚度至少为 16 m，保守估计砂料储量为数百万立方米。为准确估算砂料储量，进行测绘和钻探是必要的。然而，从地表分布和河流冲刷情况判断，保守估计砂料储量为数百万立方米。

The deposit comprises sand, granules, gravel and some cobbles and boulders. Sand constitutes roughly 70% to 95% of the deposit while the rest is oversized material mainly granules, pebbles, cobbles and boulders. The oversize material is irregularly distributed in the deposit and may be concentrated along certain layers.

堆积物主要由砂、细砾、砾石和一些漂石卵石组成，其中砂含量为 70%~95%，而其余均为粗颗粒的细砾、砾石、卵石和漂石。粗颗粒分布不规则，可在某些层集中分布。

The sample is a borderline case but under aggressive performance conditions may show Alkali Silica Reaction（ASR）potential.

样品试验结果处于临界状态，在侵蚀性环境下可表现出潜在碱硅活性反应（ASR）。

MM2 contains some oversize material falling in the range of fine gravel. There is no gap grading. There are some minor departures from Specification E-11 of ASTM C-33.

MM2 砂料含有一些粗颗粒-细砾，级配连续，与规范 ASTM C-33 E-11 要求有一些小偏差。

The specific gravities of the two samples are slightly higher but close to the range of specific gravities of similar fine aggregates. This value is within permissible limit(5%) for all concrete not subject to abrasion.

2 组试样比重数值略高,但与类似细骨料的比重范围值接近。这些数值位于所有非磨损混凝土允许数值范围内(5%)。

Some granitic gneisses and metabasalts have been found to be deleteriously expansive in field performance even though their expansion in this test was less than 0.1% at 16 days after casting.

从现场性能来看,发现一些花岗片麻岩和变质玄武岩具有危害性膨胀现象;尽管在试验中浇注 16 天后,膨胀率小于 0.1%。

Rock masses are so variable in nature that the chance for ever finding a common set of parameters and a common set of constitutive equations valid for all rock masses is quite remote.

岩性性状多变,找到适用于所有岩体的一组通用参数和一个通用公式的可能性是非常小的。

Fine aggregate shall consist of natural sand, manufactured sand, or a combination of thereof.

细骨料为天然砂、人工砂或两者的组合。

About 25% of quartz grains from M1 show strong strain extinction, therefore the sample has Alkali Silica Reaction(ASR)potential.

M1 料场约 25%石英颗粒表现出较强的应变消失现象,因此样品具有潜在的硅碱活性反应(ASR)。

Fine aggregate shall be free of injurious amounts of organic impurities. Except as herein provided, aggregates subjected to the best for organic impurities and producing a color darker than the standard shall be rejected.

细骨料不应含有一定数量的有机杂质。除非另有规定,对易于受到有机杂质影响的骨料以及比标准颜色深的骨料,应予以剔除。

Use of a fine aggregate failing in the test is not prohibited, provided that, when tested for the effect of organic impurities on strength of mortar, the relative strength at 7 days, calculated in accordance with Test Method C87, is not less than 95%.

假如在测试有机杂质对砂浆强度的影响时，按照规范 C87 试验方法计算 7 天相对强度不小于 95%；试验结果未满足要求的细骨料，并不禁止使用。

The ranges shown in table 2 are by necessity very wide in order to accommodate nationwide conditions. While concrete in different parts of a single structure may be adequately made with different classes of coarse aggregate, the specifier may wish to require the coarse aggregate for all concrete to conform to the same more restrictive class to reduce the chance of furnishing concrete with the wrong class of aggregate, especially on smaller projects.

为了适应全国情况，表 2 所列数值区间很大。一个建筑物不同部位混凝土可能选用不同级别粗骨料，委托人希望要求所有混凝土粗骨料满足同一特定等级，以减少采用错误等级的粗骨料制备混凝土的机会，特别是小型工程。

Coarse aggregate for use in concrete that will be subject to wetting, extended exposure to humid atmosphere, or contact with moist ground shall not contain any material that are deleteriously reactive with alkalies in the cement in an amount sufficient to cause excessive expansion of mortar or concrete except that if such material are present in injurious amounts, the coarse aggregate is not prohibited when used with a cement containing less than 0.60% alkalies calculated as sodium oxide equivalent(Na_2O+0.658K_2O)or with the addition of a material that has been shown to prevent harmful expansion due to the alkali-aggregate reaction.

易受潮、长期暴露在潮湿环境，或混凝土与潮湿地面接触的混凝土粗骨料不得含有任何会与水泥中的碱发生有害反应的材料，其数量足以引起砂浆或混凝土过度膨胀；除非含有一定数量有害材料的粗骨料与按氧化钠当量(Na_2O+0.658K_2O)计算的碱含量小于 0.60%水泥，或与已被证实能够阻止由于碱活性反应引起的有害膨胀的添加剂共同使用，这种粗骨料才不被禁止。

The base fineness modulus should be determined from previous tests, or if no previous tests exist, from the average of the fineness modulus values for the first ten samples

(or all preceding samples if less than ten)on the order. The proportioning of a concrete mixture may be dependent on the base fineness modulus of the fine aggregate to be used. Therefore, when it appears that the base fineness modulus is considerably different from the value used in concrete mixture, a suitable adjustment in the mixture may be necessary.

基本细度模数应依据以往试验结果确定,或没有以往试验结果,细度模数平均值由试验清单前 10 组样(或少于 10 组所有以往样品)试验结果确定。混凝土配合比可依据拟采用细骨料的细度模数确定。因此,当基本细度模数与混凝土混合料选用数值存在明显差异时,适当调整混合料可能是必要的。

Higher values of the fineness modulus indicate coarser gradation. The specific gravities of the two samples are slightly higher than majority of natural aggregate but close to the range of specific gravities of similar fine aggregates. Majority of natural aggregates have apparent specific gravity of 2.6 to 2.7.

较大细度模数表明粗级配。2 组试样比重略大于大多数天然骨料数值,但与类似细骨料的比重接近。大多数天然骨料表观比重为 2.6 ~ 2.7。

Many test methods for evaluating the potential for deleterious expansion due to alkali reactivity of an aggregate have been proposed and some have been adopted as ASTM standards. However, there is no general agreement on the relation between the results of these tests and the amount of expansion to be expected or tolerated in service.

已提出评价骨料碱活性反应引起的潜在有害膨胀的多种试验方法,一些已选作 ASTM 标准。然而,在应用中,这些试验结果和预估膨胀数量或容许膨胀数量的对应关系尚无统一认识。

Extraction of a 45 tonne samples from the proposed quarry.

从拟选石料场采取 45 t 样品。

Overburden thickness ranges from 1~2 m and weathering extends to 1.5 m. If worked 15 m depth, this yields stripping ration of 10%(1.5 m/15 m).

覆盖层厚度为 1~2 m,风化深度可达 1.5 m。如果开挖深度为 15 m, 则剥离开采比为 10%(1.5 m/15 m)。

20.6 商务(business)

The contractor shall have on his staff an engineering geologist.
承包商应配备一名工程地质学家。

Please also note that the above listed documentation provided under cover of this correspondence, is unfortunately not available to the engineer in electronic format, as inquired by you.
另请注意,应贵方要求,很遗憾工程师没有本信函所列文件电子版文件。

The contractor declared himself incapable to drill an inclined borehole within river deposits of > 10 m depth(no casing was at contractors disposal).
承包商声称,在河流冲积物厚度大于 10 m 条件下,自己无法完成斜孔作业(承包商不使用套管)。

Approval of assemblies test and test procedures, and acceptance of pertinent test certificates or waiving of inspections and tests, shall in no way relieve the contractor of his contractual obligations for furnishing the works in accordance with the provisions of the contract.
试验项目和试验程序的批复,相关试验证书的认可,检查和试验的免除,绝不能免除承包商依据合同条款规定完成工作的法定义务。

We are sorry to hear what happened at the weir site, but we believe that such unpleasant incidents do occur sometimes during the onset of construction activities.
我们很遗憾听闻堰址发生事故,但我们相信,在施工活动开始期间,有时确实会发生这样不愉快的事件。

Anyway, the engineer is in no positing to do much in this regard, except to draw the employer's attention to the situation, and to arrange some amicable settlement at the earliest possible time between you and the land owner. And we intend to request the employer to exert the powers available to him and to pledge his best efforts concerning all matters related to establish and maintain amicable relationship between the general populations within the vicinity of the project sites.

无论如何，在这方面，工程师无能为力，只能提请业主注意，并尽早安排您和土地所有者友好解决。并且，我们计划请求业主行使权力，并承诺尽最大努力，在相关事项上与项目地点附近所有普通民众建立和维持友好关系。

We are always at your disposal for any further information/clarification concerning the above subject should you so require.

如果您需要，我们随时为您提供有关上述议题的任何进一步信息/澄清。

In fact, under contract, the contractor is obliged to maintain proper documentation of every task and work activity, as well as of any structure for payment purpose.

事实上，根据合同，承包商有义务保存每项任务和工作活动的文件，以及任何建筑物拟用于支付的文件。

It may further on please be noted, that whilst we have no objections to the contractor performing additional site investigations and field tests, any such investigation works performed by the contractor but not instructed by the engineer, will not be payable under the existing contract.

请注意，虽然我们不反对承包商进行补充的现场勘察和现场测试，但根据现有合同，承包商进行任何未得到工程师指令的此类勘察工作，我们将不会付费。

The engineer's approval does not exempt the contractor of his sole responsibilities for efficient and successful execution of the work.

工程师的批准并不免除承包商有效和成功地完成工作的专有责任。

I have no objection to the content of claim 1, but unfortunately this claim is out of our consideration.

我不反对第一项索赔，但不幸的是，该项索赔不在我们的考虑范围内。

I am sorry to tell you that this claim is not an effective one because it has been already expired. It is mentioned in the condition of contract that within 14 days after the event of the claim started the contractor must submit the instruction of the claim to the employer. But your claim 1 was raised to us 3 days later than the required time for claims.

In this case the claim is not effective and the reason of it can not hold.

很遗憾地告诉您，此项索赔无效，因为它已过期。合同条款中规定，在索赔事件开始后 14 天内，承包商需向业主提交索赔说明。但是您向我们提起第 1 项索赔比要求索赔提交的时间晚 3 天。在这种情况下，索赔无效，其理由不能成立。

In accordance with the contract we calculate the dates in the schedule only in calendar days.

根据合同，我们仅以日历天计算进度表中的日期。

Why on earth you still think the claim is not effective? You can say whatever you like but I have to remind you that as a matter of fact there is no argument for it.

为什么你仍然认为这项索赔无效？你可以说任何你喜欢的，但我必须提醒你，事实上没有任何讨论余地。

But after we requested the further analysis for the claim event according to the procedure mentioned in the conditions of contract you failed to submit necessary information within 14 days. That means you are not able to provide enough provident for the claim. In this case I have to say that this claim is not workable and therefore it is not effective.

按照合同条款规定的程序，我们需对索赔事件进行进一步分析，但贵方未能在 14 天内提交必要的资料，这意味着您未能为索赔提供足够的证明。在这种情况下，我不得不说，这项索赔是不成立，因此它是无效的。

If you decide to ignore our request, we have to take strong actions. In such a case it will cost a lot of money and time. In my opinion it is not a clever choice. I suggest suspending this problem at the moment and leaving it for further discussion.

如果您决定不理会我们的要求，我们必须采取强有力的行动。在这种情况下，将花费大量的金钱和时间。在我看来，这不是一个明智的选择。我建议暂时搁置这个问题，留待进一步讨论。

I believe even you may raise any excuse to reject our claims above, you will definitely not be successful to find suitable reason.

即使你想找出任何借口来拒绝我们的上述索赔主张，我相信你肯定不会找到合适的理由。

Such a complicated procedure it is! I can imagine how long it will take us for all claims solved. We have received 145. claims from you, but it is hard to convince us that most of your claims are reasonable.

程序真复杂！我能想到我们将花很长时间解决所有索赔。我们已收到贵方提出的 145 项索赔,很难让我们相信,您提起的大部分索赔是合理的。

It is a necessary procedure regulated in the contract. If you want to be paid of additional money, patience is the basic character for you. This is my advice to you.

这是合同规定的必要程序。 如果您想得到额外的报酬,耐心是您的基本品质。这是我给您的建议。

The purpose for us to hold this meeting is only to have you more explanation on these claims. After understanding your reasons for the claims, then the claims, which we consider are reasonable and effective, will be raised to the board of directors of the Employer.

我们召开这次会议的目的,仅是为了让你对这些索赔提供更多的解释。在了解您提起索赔的原因后,对合理和有效的索赔,我们将提交业主董事会。

We can give up the point 1 request. Is the contract price a lump sum or a rate basis one? There is no leeway to adjust. This is just what we want to obtain.

我们可以放弃第 1 条请求。它是总价合同还是单价合同,没有调整的余地,这就是我们想知道的。

I will be very glad to do all these as long as you require doing so. Could we ask whether you will favourite the lowest price or not for the tendering?

只要您需要,我会很高兴为您做这些。请问您是否倾向于最低价投标?

We will make our decision in accordance with our comprehensive analysis and judgment to your tender document. We hope you will do your best to fulfill all the parts of the tender document and hand over to us before 12.00 pm on the date, 30 calendar days later from today.

根据对贵方投标文件的综合分析和判断,我们将会做出决定。我们希望您尽力完成投标文件的所有部分,并从今天起 30 个日历天后,在当天下午 12 点之前,将投标文件提交给我们。

As a representative of the owner of the power station, I would like to thank you for your attendance at the presentation meeting. In this way we hope we can have the chance to learn more about your company's capacity for power plant construction.

作为电站业主代表,感谢大家出席推介会。通过这种方式,希望我们能有机会更多地了解贵公司的电站建设能力。

Frankly speaking, we do have some different opinions on the conditions if you don't mind. I am afraid that there is no room for discussion in this point. In such a case we withdraw our suggestion for this point.

如果您不介意,坦率地讲,对合同条件,我们确实有一些不同的看法。在这一点上,恐怕没有讨论的余地。在这种情况下,我们撤回对这方面的建议。

In such a case we have no objection to keeping the original schedule. It is being on reasonable basis. Now let's finish the discussion for the contract conditions and turn to the next part of the commercial negotiation. If your comments are not yet expressed totally, please put them in your letters. We may possibly arrange a discussion later. Is this arrangement all right for you.

在这种情况下,我们不反对维持原来的进度,这是合理的。现在我们结束合同条件的讨论,进行下一部分商务谈判。如果您的意见还没有完全表达出来,请把它们写在您的信函中,随后我们可能会安排一次讨论。这样的安排,您觉得合适吗?

Your prompt action concerning the above matter is highly appreciated. We are awaiting the re-submission of the respective documentation in accordance with the requirements of the Contracts at your earliest possible time.

针对上述事情,非常感谢您的快速回应。根据合同要求,在尽可能早的时间,我们等待您再次提交有关文件。

The contractor shall save harmless and indemnify the employer in respect of all claims, proceedings, damages, costs, charges and expenses whatsoever arising out of, or in relation to, any, such matters insofar as the contractors is responsible therefor.

由承包商负责的任何此类事项引起的或与之相关的所有索赔、诉讼、损害、成本、收费和开支,承包商应使业主免受损害和赔偿。

The contractor shall comment the works as soon as is reasonably possible after the receipt by him of a notice to this effect from the engineer, which notice shall be issued within the time stated in the Appendix to Tender after the date of the Letter of Acceptance.
在收到工程师的通知后,承包商尽快对工程进行评述;该通知应在中标日期后、招标书附录中规定的时间内发出。

Please acknowledge receipt of this letter and agreement to its terms and contents by signing and dating the attached copy in the space provided.
请确认收到信函,同意其中条款和内容,并在所提供文件的空白处签署姓名和日期。

The Government of C, represented by G, awarded a contract to AB Engineering Service(Pvt.)Ltd., to carry out the geo-services and drilling works as part of the feasibility study for HPP Hydropower Project.
作为 HPP 水电项目可行性研究工作的组成部分,由 G 代表的 C 政府授予 AB 工程技术有限公司一份合同,开展地质服务和钻探工作。

附录(appendix)

附录 A　国际岩石力学学会有关标准摘录(some extractions from International Society for Rock Mechanics (ISRM))

附录 A1　岩块强度(rock strength)(ISRM)

Adequate input data for the strength of intact rock is uniaxial compressive strength (C_0)determined according to ISRM Suggested Methods or any other reliable testing standard.

Table A1　index table for rock strength(ISRM)

rock description	range of C_0(MPa)	pocket knife	field identification geological hammer
extra strong	250	no peeling	only chips after impact
very strong	100-250	no peeling	many blows to fracture
strong	50-100	no peeling	several blows to fracture
medium strong	25-50	no peeling	a firm blow to fracture
weak	5-25	difficult peeling	can indent
very weak	1-5	easy peeling	can crumble

岩块强度数值是根据 ISRM 建议方法或任何其他可靠测试标准确定的单轴抗压

强度(C_0)。

表 A1 岩石强度索引表(ISRM)

描述	单轴抗压强度 C_0(MPa)	小刀	地质锤现场识别
极强	250	小刀刻不动	敲击试样，只能打下小块
很强	100~250	小刀刻不动	锤击多次，能致其破裂
强	50~100	小刀刻不动	锤击数次，能致其破裂
中强	25~50	小刀刻不动	锤击一次，可致其破裂
弱	5~25	刀刻困难	可留下浅坑
很弱	1~5	刀刻容易	可用指甲刻出缺口

Testing procedures are descried in ISRM “Suggested Method for Determining Hardness and Abrasiveness of Rocks” and “Suggested Methods for the Quantitative Description of Discontinuities in Rock Masses”. They can be summarized as follows.

(1)Use Schmidt hammers：L type for hard rock；R-710 type for soft materials.

(2)Apply the hammer in a direction perpendicular to the wall of specimen being tested.

(3)The test surface must be smooth，flat and free from cracks and discontinuities to a depth of 6 cm.

(4)Clamp individual specimens to a rigid base.

(5)Discard “anomalous” tests，easily detected through lack of rebound and “hollow” sound，or those causing cracks or visible failure.

(6)Conduct 10 to 20 tests on each series. Test locations should be separated by at least one diameter of hammer.

(7)Record the angle of orientation of the hammer. Use the correction curves supplied by the manufacturer for test results.

(8)Discard the half on the test giving lower results.

(9)The rebound index is obtained as the mean of the higher half of the results.

In practice most tests on rock outcrops must be done in a horizontal(or near horizontal)direction. In these conditions the maximum estimated strength will be 60 MPa(for the L type hammer). Strength is lower when the rock surface is saturated. The average dispersion is 40% of estimated strength(and minimum error 10%).

测试方法详见 ISRM“确定岩石硬度和磨蚀性建议方法”和“岩体不连续面定量

描述建议方法”，具体可总结如下。

（1）使用回弹仪：L 型适用于硬岩，R-710 型适用于软岩。

（2）锤子施加作用力方向垂直于被测样品壁。

（3）测试表面必须光滑、平坦且没有深度为 6 cm 的裂隙和不连续面。

（4）将单个样品固定在刚性底座上。

（5）剔除“异常”测试数值，这些异常可通过不回弹和“空洞”声音确定，或者是形成的可见裂隙或破坏。

（6）对每个系列进行 10~20 次测试，测试位置间隔距离应至少为 1 个锤子直径。

（7）记录锤子作用力角度，通过查阅制造商提供的校正曲线获得测试结果。

（8）剔除测试数值较低的结果。

（9）回弹指数取较大测试数值的平均值。

在实践中，大多数岩石露头测试必须在水平（或接近水平）方向上进行。在这些条件下，估计最大强度为 60 MPa（对于 L 型锤）。当岩石表面处于饱和状态时，强度会降低。平均离散度为估计强度的 40%（最小误差为 10%）。

【注】

据（加）Evert Hoek 著，刘丰收等译的《实用岩石工程技术》，无试验资料时，岩石强度可按照下表估计。

单轴抗压强度现场估计

等级*	描述	单轴抗压强度（MPa）	点荷载强度指数（MPa）	强度现场估计	举例说明
R6	极强	>250	>10	敲击试样，只能打下小块	新鲜玄武岩、燧石、辉绿岩、片麻岩、石英岩
R5	很强	100~250	4~10	需用地质锤锤击多次，才能致其破裂	角闪岩、砂岩、玄武岩、辉长岩、片麻岩、花岗闪长岩、石灰岩、大理岩、流纹岩、凝灰岩
R4	强	50~100	2~4	需用地质锤锤击一次以上，才能致其破裂	石灰岩、大理岩、千枚岩、砂岩、片岩、页岩
R3	中强	25~50	1~2	用小刀刻不动，用地质锤只锤击一次可致其破裂	黏土岩、煤、混凝土、片岩、页岩、粉砂岩
R2	弱	5~25	**	用小刀刻有困难，但用地质锤用力锤击可留下浅坑	白垩、岩盐、碳酸钾

续表

等级*	描述	单轴抗压强度（MPa）	点荷载强度指数（MPa）	强度现场估计	举例说明
R1	很弱	1~5	**	用地质锤用力锤击，可致其粉碎，用小刀能刻得动	高度风化或变质岩石
R0	极弱	0.25~1	**	可用指甲刻出缺口	坚硬的断层泥

注：*表示根据布朗（Brown，1981）分级；
**表示在单轴抗压强度低于 25 MPa 岩石上进行点荷载试验，有可能出现极不明确的结果。

附录 A2　节理间距（joints spacing）（ISRM，Bieniawski）

Table A2　classification for joints spacing

description	spacing（m）	rock mass classification
very wide	>2	intact
wide	0.6~2	massive
moderate	0.2~0.6	blocky/seamy
close	0.06~0.2	fractured
very close	< 0.06	crushed/shattered

表 A2　节理间距分类

描述	间距（m）	岩体分类
很宽	>2	完整
宽	0.6~2	整体状、整块状
中等	0.2~0.6	块状/层状
紧密	0.06~0.2	破碎
很紧密	<0.06	破碎/松散

附录 A3　节理壁风化(wall weathering of joints)(ISRM)

Table A3　classification for wall weathering of joints

grade	term	decomposed rock(%)	description
Ia	fresh	-	no visible weathering
Ib	fresh	-	slightly discoloration of walls
II	slightly weathered	<10	general discoloration
III	moderately weathered	10~50	part of rock is decomposed, fresh rock is a continuum
IV	highly weathered	50~90	general decomposition of rock, some fresh rock appears
V	completely weathered	>90	all rock is decomposed, original structure remains
VI	residual soil	100	all rock is converted to soil, original structure is destroyed

表 A3　节理壁风化分类

类别	定义	分解岩石(%)	描述
Ia	新鲜	—	未见风化迹象
Ib	新鲜	—	岩壁微褪色
II	微风化	<10	普遍褪色
III	中等风化	10~50	部分岩石分解,新鲜岩石分布连续
IV	强风化	50~90	岩石普遍分解,可见新鲜岩块
V	全风化	>90	岩石分解,原结构留存
VI	残积土	100	岩石转化为土,结构已破坏

附录 A4　边坡地下水活动(slope groundwater activity)(ISRM)

For slopes the general conditions are usually sufficiently adequate. The ISRM have proposed a seepage classification, which has been adapted to surfacing joints in order to estimate groundwater conditions.

Table A4　groundwater conditions(ISRM, Romana)

description	unfilled joints		filled joints	
	joint	flow	filling	flow
complete dry	dry	no	dry	none
damp	stained	no	damp	none
wet	damp	no	wet	some drips
dripping	wet	occasional	outwash	dripping
flowing	wet	continuous	washed	continuous

对于边坡,一般条件通常是足够的。ISRM 提出了一种渗流分类标准,其适用于浅部节理,用以估计地下水状况。

表 A4　地下水条件(ISRM, Romana)

描述	未填充节理		充填节理	
	节理	流水	充填	流水
完全干燥	干燥	无	干燥	无
潮湿	水锈	无	潮湿	无
湿润	潮湿	无	湿润	部分滴水
滴水	湿润	偶然	涌水	滴水
流水	湿润	持续	突涌水	持续

【注】

(1)根据 ISRM "Suggested Methods for the Quantitative Description of Discontinuities in Rock Masses".(International Journal of Rock Mechanics and Mining Science & Geomechanics Abstracts, 1973, 15, 319-368)

(2)根据 ISRM "Suggested Methods for Determining Hardness and Abrasiveness of Rocks".(International Journal of Rock Mechanics and Mining Science & Geomechanics Abstracts, 1973, 15, 89-97)

附录B　莫氏硬度表(Mohs's scale of hardness table)

表B1　莫氏硬度表

序号	矿物名称	莫氏硬度等级
1	滑石	1
2	石膏	2
3	方解石	3
4	萤石	4
5	磷灰石	5
6	长石	6
7	石英	7
8	黄玉	8
9	刚玉	9
10	金刚石	10
指甲硬度为2.0~2.5度,玻璃硬度为5~6度,小刀硬度为5.0~5.5度,钢刀硬度为6~7度		

Table B1　Mohs's scale of hardness(stiffness)

No.	name of mineral	Mohs's scale of hardness(stiffness)
1	talc	1
2	gypsum	2
3	calcspar	3
	calcite	
4	fluorite	4
5	apatite	5
	phosphorite	
6	feldspar	6
7	quartz	7
8	topaz	8
9	corundum	9
10	diamond	10
Hardness for nail, glass, knife, and steel knife regarded as 2.0-2.5, 5-6, 5.0-5.5 and 6-7 respectively		

【注】

莫氏硬度为划痕硬度。Scratch hardness is names as Mohs's scale of hardness.

附录 C 欧美筛分标准和单位转换关系(European and American screening criteria and unit conversion relationship)

附录 C1 欧美颗粒筛分网眼参数(European and American mesh parameters for particle screening)

表 C1 欧美颗粒筛分参数(European and American parameters for particle screening)

序号	筛编号	网眼直径
1	No. 4	4.75 mm
2	No. 8	2.36 mm
3	No. 10	2.00 mm
4	No. 16	1.18 mm
5	No. 20	850 μm
6	No. 30	600 μm
7	No. 40	425 μm
8	No. 50	300 μm
9	No. 60	250 μm
10	No. 100	150 μm
11	No. 140	106 μm
12	No. 200	75 μm

附录 C2　英寸与毫米转换关系(conversion relationship of inch and millimeter)

表 C2　英寸和毫米转换关系(筛分常用部分单位)(conversion relationship of inch and millimeter)

inch	mm
0.001	0.025 4
0.049	1.245
0.203	5.156
1/2	12.7
3/4	19.05
3/8	9.52
1	25.4
1.3	33.02
1.5	38.1
2	50.8
2.6	66.04
3.75	95.25

附录 D　岩石分级(rock classification)

据《水工建筑物地下工程开挖施工技术规范》(DL/T 5099-2011)附录 A，一般工程土类分级详见表 D1，岩石类别分级详见表 D2。

附录 D1　一般工程土类分级(general engineering soil classifications)

表 D1　一般工程土类分级

土质级别	土质名称	自然湿容重/(kg/m³)	外形特征	开挖方式
I	1. 砂土 2. 种植土	16.5~17.5	疏松，黏着力差或易透水，略有黏性	用铁锹或略加脚踩开挖

续表

土质级别	土质名称	自然湿容重/(kg/m³)	外形特征	开挖方式
II	1. 壤土 2. 淤泥 3. 含壤种植土	17.5~18.5	开挖时能成块,并易打碎	用锹需用脚踩开挖
III	1. 黏土 2. 干燥黄土 3. 干淤泥 4. 含少量砾石黏土	18.0~19.5	黏手,看不见砂粒或干硬	用镐、三齿耙开挖或用锹需用力加脚踩开挖
IV	1. 坚硬黏土 2. 砾质黏土 3. 含卵石黏土	19.0~21.0	壤土结构坚硬,将土分裂后成块状或含黏粒,砾石较多	用镐、三齿耙开挖

Table D1 general engineering soil classifications

soil grade	soil name	natural wet unit weight/(kg/m³)	shape features	excavation mode
I	1.sand 2.planting soil	16.5~17.5	loose, poor adhesion or easily permeable, with slight viscidity	by shovel or with aid of foot trampling slightly
II	1.loam 2.sludge 3.planting soil with loam	17.5~18.5	lumped during excavation, and is easy to break	by shovel and with aid of foot trampling
III	1.clay 2.dry loess 3.dry sludge 4.clay with a small amount of gravels	18.0~19.5	sticky hands, no sand or hard	by pick, three tooth rake or step hard
IV	1.hard clay 2.gravelly clay 3.clay with boulders	19.0~21.0	loam, hard, is divided into blocks or with clay particles, with more gravels	by pick, three tooth rake

附录 D2　岩石类别分级（rock classification）

表 D-2　岩石类别分级

岩石级别	岩石名称	实体岩石自然湿度时的平均容重/（kg/m³）	净钻时间/（min/m）			极限抗压强度/MPa	强度系数 f
			用直径 30 mm 合金钻头，凿岩机打眼（工作气压为 4.5 am）	用直径 30 mm 淬火钻头，凿岩机打眼（工作气压为 4.5 am）	用直径 25 mm 钻杆，人工单人打眼		
V	1. 硅藻土及软的白垩岩 2. 硬的石炭纪的黏土 3. 胶结不紧密的砾岩 4. 各种不坚实的页岩	15.0 19.6 19.0~ 22.0 20.0		≤3.5	≤30	≤20.0	1.5~2.0
VI	1. 软的有孔隙的节理多的石灰岩及贝壳石灰岩 2. 密实的白垩岩 3. 中等坚实的页岩 4. 中等坚实的泥灰岩	22.0 26.0 27.0 23.0		4（3.5~4.5）	45（30~60）	20.0~40.0	2~4
VII	1. 水成岩卵石经石灰质胶结而成的砾岩 2. 风化的节理多的黏土质砂岩 3. 坚硬的泥质页岩 4. 坚实的泥灰岩	22.0 22.0 23.0 25.0		6（4.5~7）	78（61~95）	40.0~60.0	4~6
VIII	1. 角砾状花岗岩 2. 泥灰质石灰岩 3. 黏土质砂岩 4. 云母页岩及砂质页岩 5. 硬石膏	23.0 23.0 22.0 23.0 29.0	6.8（5.7~7.7）	8.5（7.1~10.0）	115（96~135）	60.0~80.0	6~8

续表

<table>
<tr><th rowspan="2">岩石级别</th><th rowspan="2">岩石名称</th><th rowspan="2">实体岩石自然湿度时的平均容重/（kg/m³）</th><th colspan="3">净钻时间/（min/m）</th><th rowspan="2">极限抗压强度/MPa</th><th rowspan="2">强度系数 f</th></tr>
<tr><th>用直径 30 mm 合金钻头，凿岩机打眼（工作气压为 4.5 am）</th><th>用直径 30 mm 淬火钻头，凿岩机打眼（工作气压为 4.5 am）</th><th>用直径 25 mm 钻杆，人工单人打眼</th></tr>
<tr><td>IX</td><td>1. 软的风化较甚的花岗岩、片麻岩及正长岩
2. 滑石质的蛇纹岩
3. 密实的石灰岩
4. 水成岩卵石经硅质胶结的砾岩
5. 砂岩
6. 砂质石灰质的页岩</td><td>25.0
24.0
25.0
25.0
25.0
25.0</td><td>8.5（7.8~9.2）</td><td>11.5（10.1~13）</td><td>157（136~175）</td><td>80.0~100.0</td><td>8~10</td></tr>
<tr><td>X</td><td>1. 白云岩
2. 坚实的石灰岩
3. 大理岩
4. 石灰质胶结的致密的砂岩
5. 坚硬的砂质页岩</td><td>27.0
27.0
27.0
26.0
26.0</td><td>10（9.3~10.8）</td><td>15（13.1~17）</td><td>195（176~215）</td><td>100.0~120.0</td><td>10~12</td></tr>
<tr><td>XI</td><td>1. 粗粒花岗岩
2. 特别坚实的白云岩
3. 蛇纹岩
4. 火成岩卵石经石灰质胶结的砂岩
5. 石灰质胶结的坚实的砂岩
6. 粗粒正长岩</td><td>28.0
29.0
26.0
28.0
27.0
27.0</td><td>11.2（10.9~11.5）</td><td>18.5（17.1~20）</td><td>240（216~260）</td><td>120.0~140.0</td><td>12~14</td></tr>
<tr><td>XII</td><td>1. 有风化痕迹的安山岩及玄武岩
2. 片麻岩、粗面岩
3. 特别坚实的石灰岩
4. 火成岩卵石经硅质胶结的砾岩</td><td>27.0
26.0
29.0
26.0</td><td>12.2（11.6~13.3）</td><td>22（20.1~25）</td><td>290（261~320）</td><td>140.0~160.0</td><td>14~16</td></tr>
</table>

续表

岩石级别	岩石名称	实体岩石自然湿度时的平均容重/（kg/m³）	净钻时间/（min/m）			极限抗压强度/MPa	强度系数 f
			用直径 30 mm 合金钻头，凿岩机打眼（工作气压为 4.5 am）	用直径 30 mm 淬火钻头，凿岩机打眼（工作气压为 4.5 am）	用直径 25 mm 钻杆，人工单人打眼		
XIII	1. 中粒花岗岩 2. 坚实的片麻岩 3. 辉绿岩 4. 玢岩 5. 坚实的粗面岩 6. 中粒正长岩	31.0 28.0 27.0 25.0 28.0 28.0	14.1（13.4~14.8）	27.5（25.1~30）	360（321~400）	160.0~180.0	16~18
XIV	1. 特别坚实的细粒花岗岩 2. 花岗片麻岩 3. 闪长岩 4. 最坚实的石灰岩 5. 坚实的玢岩	33.0 29.0 29.0 31.0 27.0	15.5（14.9~18.2）	32.5（30.1~40）		180.0~200.0	18~20
XV	1. 安山岩、玄武岩、坚实的角闪岩 2. 最坚实的辉绿岩及闪长岩 3. 坚实的辉长岩及石英岩	31.0 29.0 28.0	20（18.3~24）	46（40.1~60）		200.0~250.0	20~25
XVI	1. 钙钠长石质橄榄石质玄武岩 2. 特别坚实的辉长岩、辉绿岩、石英岩及玢岩	33.0 33.0	>24	>60		>250.0	>25

注：1 atm=1.013250 $\times 10^5$ Pa。

Table D-2　rock classifications

rock grade	rock name	average unit weight of solid rock at natural wet degree/（kg/m³）	net drilling duration/（min/m）			ultimate compressive strength /MPa	strength coefficient f
			borehole with rock drill by alloy drill bit of 30 mm diameter（working air pressure 4.5am）	borehole with rock drill by quenched drill bit of 30 mm diameter（working air pressure 4.5am）	artificially drilling by a single person with rod diameter of 25 mm		
V	1.diatomite and soft chalk 2.hard Carboniferous clay 3.slight-cement and not dense conglomerate 4.various weak shale	15.0 19.6 19.0~22.0 20.0		≤3.5	≤30	≤20.0	1.5~2.0
VI	1.soft，porous，jointed limestone and shell limestone 2.dense chalk 3.medium dense shale 4.medium dense marl	22.0 26.0 27.0 23.0		4（3.5~4.5）	45（30~60）	20.0~40.0	2~4
VII	1.conglomerate（aqueous rock's cobbles cemented by lime） 2.weathered，jointed clayey sandstone 3.hard muddy shale 4.firm marl	22.0 22.0 23.0 25.0		6（4.5~7）	78（61~95）	40.0~60.0	4~6
VIII	1 brecciform granite 2 marly limestone 3 clayey sandstone 4 mica shale and sandy shale 5 anhydrite	23.0 23.0 22.0 23.0 29.0	6.8（5.7~7.7）	8.5（7.1~10.0）	115（96~135）	60.0~80.0	6~8

续表

rock grade	rock name	average unit weight of solid rock at natural wet degree/（kg/m³）	net drilling duration/（min/m）			ultimate compressive strength /MPa	strength coefficient f
			borehole with rock drill by alloy drill bit of 30 mm diameter（working air pressure 4.5am）	borehole with rock drill by quenched drill bit of 30 mm diameter（working air pressure 4.5am）	artificially drilling by a single person with rod diameter of 25 mm		
IX	1.soft and highly weathered granite，gneiss and syenite 2.talcum-serpentinite 3.dense limestone 4.conglomerate（aqueous rock's cobbles cemented by silicon） 5.sandstone 6.sandy and lime shale	25.0 24.0 25.0 25.0 25.0 25.0	8.5（7.8~9.2）	11.5（10.1~13）	157（136~175）	80.0~100.0	8~10
X	1.dolomite 2.solid limestone 3.marble 4.dense sandstone cemented by lime 5.hard sandy shale	27.0 27.0 27.0 26.0 26.0	10（9.3~10.8）	15（13.1~17）	195（176~215）	100.0~120.0	10~12
XI	1.coarse-grain granite 2.very solid dolomite 3.serpentinite 4.conglomerate（igneous rock's cobble cemented by lime） 5.solid sandstone cemented by lime 6.coarse-grain syenite	28.0 29.0 26.0 28.0 27.0 27.0	11.2（10.9~11.5）	18.5（17.1~20）	240（216~260）	120.0~140.0	12~14

续表

rock grade	rock name	average unit weight of solid rock at natural wet degree/（kg/m³）	net drilling duration/（min/m）			ultimate compressive strength /MPa	strength coefficient f
			borehole with rock drill by alloy drill bit of 30 mm diameter（working air pressure 4.5am）	borehole with rock drill by quenched drill bit of 30 mm diameter（working air pressure 4.5am）	artificially drilling by a single person with rod diameter of 25 mm		
XII	1.slightly weathered basalt and andesite 2.gneiss，trachyte 3.very solid limestone 4.conglomerate（igneous rock's cobble cemented by silicon）	27.0 26.0 29.0 26.0	12.2（11.6~13.3）	22（20.1~25）	290（261~320）	140.0~160.0	14~16
XIII	1.medium-grained granite 2.solid gneiss 3.diabase 4.porphyrite 5.firm trachyte 6.medium-grained syenite	31.0 28.0 27.0 25.0 28.0 28.0	14.1（13.4~14.8）	27.5（25.1~30）	360（321~400）	160.0~180.0	16~18
XIV	1.very solid fine-grained granite 2.granite-gneiss 3.diorite 4.very solid limestone 5.solid porphyry	33.0 29.0 29.0 31.0 27.0	15.5（14.9~18.2）	32.5（30.1~40）		180.0~200.0	18~20
XV	1.andesite，basalt and firm amphibolite 2.very firm diabase and diorite 3.firm gabbro and quartzite	31.0 29.0 28.0	20（18.3~24）	46（40.1~60）		200.0~250.0	20~25
XVI	1.calc-albite and olivine basalt 2.very solid diorite，diabase，quartzite and porphyry.	33.0 33.0	>24	>60		>250.0	>25

Note：1 atm=1.013250 $\times 10^5$ Pa.

附录 E 岩石可钻性分级(rock drillability classification)

附录 E1 《水利水电工程地质手册》(water and hydropower engineering geological manual)

据水利电力部水利水电规划设计院主编、1985 年 4 月水利电力出版社出版的《水利水电工程地质手册》(第一版),岩石可钻性分级详见表 E1。

表 E1 岩石可钻性分级表(XII 级分类法)

级别	硬度	每一级代表性的岩石	可钻性/(m/h)
I	松软疏散的	次生黄土、红土,泥质土壤,砂质土壤,冲积土层、污泥,硅藻土,泥炭质腐殖层	7.5
II	较松软疏散的	黄土层、红土层、松软的泥灰岩,含有 10%~20%砾石的砂土质地层和砂姜黄土层,松软的高岭土类,冰	4.0
III	软的	全部风化的页岩、板岩、千枚岩、片岩,轻微胶结的砂层,含有超过 20%砾石(大于 3 cm)的砂质土及砂姜黄土层,泥灰岩,石膏质土层、滑石片岩、软石墨,贝壳石灰岩,褐煤、烟煤,松软的锰矿	2.45
IV	较软的	页岩及页岩互层,较致密的泥灰岩,泥质砂岩,块状石灰岩、白云岩,风化橄榄岩、蛇纹岩、铝矾土、菱镁矿、磷灰石,中等硬度煤层,岩盐、钾盐、结晶石膏、无水石膏、高岭土层,冻结的砂层,火山凝灰岩	1.6
V	稍硬的	砾石、卵石层,崩积层,泥质板岩,绢云母绿泥石板岩、千枚岩、片岩,细粒结晶的石灰岩、大理岩,较松软的砂岩,蛇纹岩、纯橄榄岩、蛇纹石化的火山凝灰岩,风化的角闪石斑岩、粗面岩,硬烟煤、无烟煤,松散砂质磷灰石矿,冻结的粗砂层、泥层、砂土层	1.15
VI	中等硬度的	石英、绿泥石、云母、绢云母板岩、千枚岩、片岩和轻微硅化的石灰岩,方解石及绿帘石矽卡岩,含黄铁矿斑点的千枚岩、板岩、片岩铁帽,钙质胶结的砾石、长石砂岩、石英砂岩,微风化含矿的橄榄岩,石英粗面岩,角闪石斑岩、透辉石岩、辉长岩、阳起岩、辉石岩,冻结的砾石层,较纯的明矾石	0.82
VII		角闪石、云母、石英、磁铁矿、赤铁矿化的板岩、千枚岩、片岩和微硅化的板岩、千枚岩、片岩,含石英粒石灰岩,含长石石英砂岩、石英二长岩,微片岩化的钠长石斑岩、粗面岩、角闪石、斑岩、玢岩、辉绿凝灰岩,方解石化的辉石、石榴子石矽卡岩,硅质叶腹石、多孔石英有硅质的海绵状铁帽、铬铁矿、硫化矿物、菱铁赤铁矿,含角闪石磁铁矿,含矿的辉石岩类、角闪石类钙质和硅质胶结的砾石碎石层,轻微风化的粗粒花岗岩、正长岩、闪长岩、斑岩、辉长岩及其他火成岩,硅质石灰岩、燧石石灰岩,极松散的磷灰石矿	0.57

续表

级别	硬度	每一级有代表性的岩石	可钻性/（m/h）
VIII	硬的	硅化绢云母板岩、千枚岩、片岩，片麻岩、绿帘石岩、明矾石，含石英的碳酸盐岩石、重晶石灰岩，含磁铁矿及赤铁矿的石英岩，粗粒及中粒的辉岩、石榴子石矽卡岩，钙质胶结的砾岩，轻微风化的花岗岩、花岗片麻岩、伟晶岩、闪长岩、辉长岩、石英、电气石英岩类，玄武岩、辉绿岩、钙钠斜长石岩、辉石岩、安山岩、石英安山斑岩，含矿的橄榄岩，中粒结晶钠长斑岩、角闪石斑岩，火成赤铁矿层、层状黄铁矿、磁硫铁矿，细粒硅质胶结的石英砂岩、长石砂岩，含大块燧石石灰岩，粗粒宽条带状的磁铁矿、赤铁矿、石英岩，赤铁矿、磁铁矿	0.38
IX		高硅化板岩、千枚岩、石灰岩及砂岩，粗粒的花岗岩、花岗闪长岩、花岗片麻岩、正长岩、辉长岩、粗面岩等，伟晶岩，微风化的伟晶石石英粗面岩、微晶花岗岩、带有溶洞的石灰岩，硅化的凝灰岩、角页化凝灰岩、绢云母化角页岩，细晶质的辉石、绿帘石、石榴子石矽卡岩、硅钙硼石、石榴子石、铁钙辉石、微晶矽卡岩，细粒细纹状的磁铁矿、赤铁矿、石英岩、层状重晶石，含石英的黄铁矿、带有相当多黄铁矿的石英，含石英质的磷灰岩层	0.25
X	坚硬的	细粒的花岗岩、花岗闪长岩、花岗片麻岩等，流纹岩、微晶花岗岩、石英钠长斑岩、石英粗面岩，坚硬的石英伟晶岩，细纹结晶状矽卡岩、角页岩，有微晶硫化矿物的角页岩，层状磁铁矿层夹有角页岩薄层，致密的石英铁帽，含碧玉玛瑙的铁铝土，玉髓层	0.15
XI		刚玉岩、石英岩、碧玉岩，块状石英、最硬的铁质页岩，含赤铁矿、磁铁矿的碧玉岩，碧玉质的硅化板岩，燧石岩	0.09
XII	最坚硬的	完全没有风化的极致密的石英岩、碧玉岩、角页岩、纯钠辉石刚玉岩、石英、燧石、碧玉	0.045

Table E1 drillability classification of rock for core-drilling(XII-level)

class	hard	typical rocks	drillability/（m/h）
I	soft and loose	secondary loess and laterite; muddy soil; sandy soil; alluvial soil and mire; diatomite(siliceous rock); peaty humus layer	7.5
II	relative soft and loose	loess formation, laterite formation, soft marl; sandy soil stratum and mortar-calcite loess formation with 10%~20% gravel; soft kaolin type; ice	4.0
III	weak	completely weathered shale, slate, phyllite and schist; slightly cemented sandstone; sandy soil and morta-calciter loess formation with above 20% grave(or bigger than 3 cm); marl; gypsum soil, talc-schist, weak graphite; shell limestone; brown coal, bituminous coal; pyrolusite	2.45

续表

class	hard	typical rocks	drillability/(m/h)
IV	slight weak	shale and shale interbedding; Relative dense marl; mud sandstone; lump limestone and dolomite; weathered peridotite, serpentinite, bauxite(lauminous soil), magnesite and apatite; moderate hardness coal bed; halite, sylvite, crystalline gypsum, anhydrite and kaolin layer; frozen sand layer; volcanic tuff	1.6
V	slight hard	gravel, cobble layer; colluvium; mudy slate; sericite-chlorite slate, phyllite, schist; fine-grain crystalline limestone and marble; soft sandstone; serpentinite, dunite, serpentinised volcanic tuff; weathered hornblende porphyry, trachyte; hard bituminous-coal and anthracite; loose sandy apatite ore; frozen coarse sand, mud and sand soil	1.15
VI	moderate hard	quartz, chlorite, mica or sericite slate, phyllite and schist and slightly silicified limestone; calcite and epidote skarns; pyritic spotted phyllite, slate and schist gossan; gravel, arcose and quartz sandstone cemented by calcium; slightly weathered peridotite with ore; quartz trachyte; hornblende porphyry, diopsidite, gabbro, actinolite, pyroxenite and frozen gravel layer; relative fine alumite	0.82
VII		hornblende, mica, quartz, magnetite or hematite slate, phyllite and schist; slightly silicified slate, phyllite and schist; limestone with quartz grain; quartz sandstone with feldspar; quartz monzonite; slightly schistose albite porphyry, trachyte, hornblende, porphyry, porphyrite and diabase-tuff; calcitized pyroxene, garnet skarns; silicified epigastrium, sponge porous-quartz silicified gossan, chromite, sulfidation ore and siderite-hematite; magnetite with hornblende; pyroxenide with ore; hornblende gravel and gallet layer cemented by silicon and calcium; slightly weathered coarse-grain granite, orthoclase, diorite, porphyry, gabbro and other igneous rock; siliiceous limestone, chert limestone; extreme loose apatite ore	0.57
VIII	hard	silicified sericite slate, phyllite and schist; gneiss, epidotite and alumite; carbonate rock and barite with quartz; quartzite with hematite and magnetite; coarse and moderate grain pyroxene-garnet skarns; conglomerate cemented by calcium; slightly weathered granite, granite-gneiss, pegmatite, diorite, gabbro, quartz, acetylene-quartzite; basalt, diabase, calcium-sodium plagioclasite, andesite, quartz-andesite porphyry; peridotite with ore; moderate grain crystalline albite porphyry, hornblende porphyry; igneous hematite layer, bedford pyrite and pyrrhotite; fine grained silicified cemented quartz-feldspar sandstone; limestone with block chert; coarse grained-wide banded magnetite, hematite, quartzite; hematite, magnetite	0.38
IX		highly silicified slate, phyllite, limestone and sandstone; coarse grained granite, granodiorite, granite-gneiss, syenite and gabbro, trachyte; pegmatite; slightly weathered pegmat-quartz trachyte, microgranite, limestone with caverns; siliceous tuff, hornfels tuff, sericite hornfels; aplitic pyroxene, epidote, garnet skarns, silicon-calcium boron rock, garnet, ferric-calc pyroxene, microcrystalline skarns; fine grained and laminated magnetite, hematite, quartzite and layer barite; pyrite containing quartz, quartz with lots of pyrite; quartzose phosphorite	0.25

续表

class	hard	typical rocks	drillability/（m/h）
X	very hard	fine grained granite，granodiorite，granite-gneiss and so on；rhyolite，microgran-ite，quartz albite porphyry and quartz trachyte；hard quartz pegmatite；laminated crystalline form skarns，hornfels；hornfels with micro-crystalline sulfide minerals；layered magnetite with thin hornfels seams；dense quartz gossan；ferrallitic soil con-taining jasper and agate；calcedony layer	0.15
XI		emery rock，quartzite，jasper rock；lump quartz，very hard and ferrugineous hornfels；jasper rock containing hematite and magnetite；silicified slate with jasper；chert rock	0.09
XII	the most hard	unweathered and extreme dense quartz，jasper rock，hornfels，net-sodium augite emery rock，quartz，chert and jasper	0.045

附录 E2 《水利水电工程钻探规程》（SL/T 291-2020）（code of drilling for water and hydropower projects ）（SL/T 291-2020）

《水利水电工程钻探规程》（SL/T 291-2020）附录 A 岩芯钻探岩石可钻性分级详见表 E2。

表 E2 岩芯钻探岩石可钻性分级

岩石可钻性级别	岩石物理力学性能			钻进时效指标		代表性岩石
	压入硬度/（kg/mm²）	摆球硬度		统计效率		
		弹跳次数	塑性系数	金刚石	硬质合金	
1~4	<100	<30	>0.37		>3.90	粉砂质泥岩、炭质页岩、粉砂岩、中粗砂岩、透闪岩、煌斑岩、泥灰岩
5	90~190	28~35	0.33~0.39	2.90~3.60	2.50	硅化粉砂岩、碳质硅页岩、滑石透闪岩、橄榄大理岩、白色大理岩、石英大理岩、黑色片岩
6	175~275	34~42	0.29~0.35	2.30~3.10	2.00	角闪斜长片麻岩、白云斜长片麻岩、石英白云石大理岩、黑云母大理岩、白云岩、蚀变角闪闪长岩、角闪变粒岩、角闪岩、黑云石英片岩、角岩、透辉石榴石矽卡岩

续表

岩石可钻性级别	岩石物理力学性能			钻进时效指标		代表性岩石
	压入硬度/（kg/mm²）	摆球硬度		统计效率		
		弹跳次数	塑性系数	金刚石	硬质合金	
7	260~360	40~48	0.27~0.32	1.90~2.60	1.40	白云母斜长片麻岩、石英白云母大理岩、透辉石化闪长玢岩、混合岩化浅粒岩、黑云母角闪斜长岩、透辉石岩、白云母大理岩、蚀变石英闪长玢岩、黑云母石英片岩
8	340~440	46~54	0.23~0.29	1.50~2.10		花岗岩、矽卡闪长岩、石榴子矽卡岩、石英闪长斑岩、石英闪长岩、黑云母斜长角闪岩、玄武岩、伟晶岩、黑云母花岗岩、闪长岩、斜长闪长岩、混合片麻岩、凝灰岩、混合岩化浅粒岩
9	420~520	52~60	0.20~0.26	1.10~1.70		混合岩化浅粒岩、花岗岩、斜长角闪岩、混合闪长岩、斜长闪长岩、钾长伟晶岩、灰岩、橄榄岩、混合岩、闪长玢岩、石英闪长玢岩、似斑状花岗岩、斑状花岗岩
10	500~610	59~68	0.17~0.24	0.80~1.20		硅化大理岩、矽卡岩、混合斜长片麻岩、钠长斑岩、钾长伟晶岩、斜长角闪岩、流纹岩、安山质熔岩、混合岩化角闪岩、斜长岩、花岗岩、石英岩、硅质凝灰质砂砾岩、石英质角砾熔岩
11	600~720	67~75	0.15~0.22	0.50~0.95		熔凝灰岩、石英岩、英安岩
12	>700	>70	<0.20	<0.60		石英岩、硅质岩、熔凝灰岩

Table E2 rock drillability classification for core drilling

rock drillability grade	rock physical-mechanics properties			timeliness index during drilling		typical rocks
	indentation hardness/（kg/mm²）	pendulum hardness		statistical efficiency		
		bounce count	plastic factor	diamond bit	hard-metal bit	
1~4	<100	<30	>0.37		>3.90	silty mudstone, carbonaceous shale, siltstone, medium coarse grain sandstone, tremolite, lamprophyre, marl

续表

rock drillability grade	rock physical-mechanics properties			timeliness index during drilling		typical rocks
	indentation hardness/ (kg/mm^2)	pendulum hardness		statistical efficiency		
		bounce count	plastic factor	diamond bit	hard-metal bit	
5	90~190	28~35	0.33~0.39	2.90~3.60	2.50	silicified siltstone, carbonaceous silica shale, talc lamprophyre, olivine marble, white marble, quartz marble, black shist
6	175~275	34~42	0.29~0.35	2.30~3.10	2.00	hornblende plagioclase gneiss, muscovite plagioclase gneiss, quartz dolomite marble, biotite marble, dolomite, altered hornblende diorite, hornblende granulite(leptite), amphibolite, biotite quartz schist, hornstone, diopside garnet skarn
7	260~360	40~48	0.27~0.32	1.90~2.60	1.40	muscovite plagioclase gneiss, quartz muscovite marble, diopside diorite porphyrite, migmatized leptite, biotite hornblende anorthosite, diopsidite, muscovite marble, altered quartz diorite porphyrite, biotite quartz schist
8	340~440	46~54	0.23~0.29	1.50~2.10		granite, skarn diorite, garnet skarn, quartz diorite porphyry, quartz diorite, biotite plagioclase amphibolite, basalt, pegmatite, biotite granite, diorite, plagioclase diorite, migmatized gneiss, tuff, migmatized leptite
9	420~520	52~60	0.20~0.26	1.10~1.70		migmatized leptite, granite, plagioclase amphibolite, migmatized diorite, plagioclase diorite, potash-feldspar pegmatite, limestone, peridotite, migmatite, diorite porphyry, quartz diorite porphyry, quasi-porphyritic granite, porphyritic granite
10	500~610	59~68	0.17~0.24	0.80~1.20		silicified marble, skarn, migmatized plagioclase gneiss, sodium-feldspar porphyry, potash-feldspar pegmatite, plagioclase amphibolite, rhyolite, andesitic lava, migmatized amphibolite, plagioclasite(anorthosite), granite, quartzite, siliceous tuffaceous sandy conglomerate (glutenite), quartzose breccia lava

续表

rock drillability grade	rock physical-mechanics properties			timeliness index during drilling		typical rocks
	indentation hardness/(kg/mm^2)	pendulum hardness		statistical efficiency		
		bounce count	plastic factor	diamond bit	hard-metal bit	
11	600~720	67~75	0.15~0.22	0.50~0.95		ignimbrite, quartzite, dacite
12	>700	>70	<0.20	<0.60		quartzite, siliceous rock, ignimbrite

【注】

岩石压入硬度仪 rock indentation hardness tester

岩石摆球硬度仪 rock pendulum hardness tester

附录 E3 挪威理工学院岩石可钻性分级(NTH rock drillability/boreability classification)

挪威理工学院(NTH)提出的钻进速度指数和岩石磨损性分类详见表 E3,可钻性指标(drillability indices)为钻进速度指数(Drilling Rate Index, DRI)、钻头磨损指数(Bit Wear Index,BWI)、刀盘寿命指数(Cutter Life Index,CLI)。

The summary of drilling rate index and rock abrasiveness classification proposed by NTH are presented in table E3, the drillability indices are drilling rate index(DRI), bit wear index(BWI), cutter life index(CLI).

Table E3 drilling rate index and rock abrasiveness classification(钻孔速度指数和岩石磨损性分类)

category (类别)	DRI (drilling rate index) (钻进速度指数)	BWI (bit wear index) (钻头磨损指数)	CLI (cutter life index) (刀盘寿命指数)
extremely low (极低)	≤25	≤10	<5
very low (很低)	26~32	10~20	5.0~5.9
low (低)	33~42	21~30	6.0~7.9
medium (中等)	43~57	31~44	8.0~14.9

续表

category （类别）	DRI （drilling rate index） （钻进速度指数）	BWI （bit wear index） （钻头磨损指数）	CLI （cutter life index） （刀盘寿命指数）
high （高）	58~69	45~55	15.0~34.0
very high （很高）	70~114	56~69	35~74
extremely high （极高）	115.0	≥70	≥75

附录 F 围岩工程地质分类（engineering geological classification of surrounding rocks）

附录 F1 《水利水电工程地质勘察规范》（GB 50487-2008）（code for engineering geological investigation of water resources and hydropower）（GB 50487-2008）

中华人民共和国水利部主编、2009 年 7 月中国计划出版社出版的《水利水电工程地质勘察规范》（GB 50487-2008）附录 N 围岩工程地质分类如下。

Appendix N engineering geological classification of surrounding rocks of《Code for Engineering Geological Investigation of Water Resources and Hydropower》（GB 50487-2008）, mostly edited by the Ministry of Water Resources of the People's Republic of China and published in July 2009 by China planning publishing house, is described as follows.

附录 N 围岩工程地质分类（engineering geological classification of surrounding rocks）

N.0.1 围岩工程地质分类分为初步分类和详细分类。

初步分类适用于规划阶段、可研阶段以及深埋洞室施工之前的围岩工程地质分类，详细分类主要用于初步设计、招标和施工图设计阶段的围岩工程地质分类。根据分类结果，评价围岩的稳定性，并作为确定支护类型的依据，其标准应符合表 N.0.1

的规定。

表 N.0.1 围岩稳定性评价

<table>
<tr><th>围岩类别</th><th>围岩稳定性</th><th>支护类型</th></tr>
<tr><td>I</td><td>稳定:围岩可长期稳定,一般无不稳定块体</td><td rowspan="2">不支护或局部锚杆或喷薄层混凝土;大跨度时,喷混凝土、系统锚杆加钢筋网</td></tr>
<tr><td>II</td><td>基本稳定:围岩整体稳定,不会产生塑性变形,局部可能产生掉块</td></tr>
<tr><td>III</td><td>局部稳定性差:围岩强度不足,局部会产生塑性变形,不支护可能产生塌方或变形破坏;完整的较软岩,可能暂时稳定</td><td>喷混凝土、系统锚杆加钢筋网;采用 TMB 掘进时,需及时支护;跨度>20 m 时,宜采用锚索或刚性支护</td></tr>
<tr><td>IV</td><td>不稳定:围岩自稳定时间很短,规模较大的各种变形和破坏都可能发生</td><td rowspan="2">喷混凝土、系统锚杆加钢筋网,刚性支护,并浇筑混凝土衬砌,不适宜于开敞式 TBM 施工</td></tr>
<tr><td>V</td><td>极不稳定:围岩不能自稳,变形破坏严重</td></tr>
</table>

N.0.1 The engineering geological classification of surrounding rocks is divided into preliminary classification and detailed classification.

Preliminary classification is applicable to the engineering geological classification of surrounding rock in the planning phase, feasibility study phase and before the construction of deep-buried caverns. Detailed classification is mainly used in the engineering geological classification of surrounding rocks in the preliminary design, bidding and construction drawing design phases. According to the classification results, the stability of surrounding rocks is evaluated and used as the basis for determining the support type. The standard should meet the requirements of Table N.0.1.

Table N.0.1 surrounding rocks stability evaluation

<table>
<tr><th>category</th><th>stability</th><th>support type</th></tr>
<tr><td>I</td><td>stable: it can be stable forever, there are not unstable blocks generally</td><td rowspan="2">not supporting or bolting locally or shotcrete with a thin layer; for large span, shotcrete, sysmatically bolts and steel mesh shall be taken</td></tr>
<tr><td>II</td><td>basically stable: surrounding rocks are integral stable, plastic deformation could not occur, but falling blocks could happen locally</td></tr>
<tr><td>III</td><td>poor stability locally: strength of surrounding rocks is insufficient, plastic deformation could occur locally, if not supporting, collapse or deformation failure could occur; intact softer rocks could temporally in stable state</td><td>shotcrete, sysmatically bolts and steel mesh shall be taken; for TBM tunneling, supporting timely; if span >20 m, anchor cable and rigid support should be adopted</td></tr>
</table>

续表

category	stability	support type
IV	unstable：the self-stablising time of surrounding rocks is short，larger-sized various deformations and failure could occur	shotcrete，sysmatically bolts，steel mesh and rigid support，as well pouring concrete lining shall be taken；not favorably for open TBM construction
V	very unstable：surrounding rocks could not stablise by itself，deformation failure serious	

N.0.2 围岩初步分类以岩石强度、岩体完整程度、岩体结构类型为基本依据，以岩层走向与洞轴线的关系、水文地质条件为辅助依据，并应符合表 N.0.2 的规定。

表 N.0.2 围岩初步分类

围岩类别	岩质类型	岩体完整程度	岩体结构类型	围岩分类说明
I、II	硬质岩	完整	整体或巨厚层状结构	坚硬岩定 I 类，中硬岩定 II 类
II、III		较完整	块状结构、次块状结构	坚硬岩定 II 类，中硬岩定 III 类，薄层状结构定 III 类
			厚层或中厚层状结构、层面（片理）结合牢固的薄层状结构	
III、IV			互层状结构	洞轴线与岩层走向夹角小于 30° 时，定 IV 类
		完整性差	薄层状结构	岩质均一且无软弱夹层时，可定 III 类
III			镶嵌结构	—
IV 、V		较破碎	碎裂结构	有地下水活动时，定 V 类
V		破碎	碎块或碎屑状散体结构	—
III、IV	软质岩	完整	整体或巨厚层状结构	较软岩定 III 类，软岩定 IV 类
IV、V		较完整	块状或次块状结构	较软岩定 IV 类，软岩定 V 类
			厚层、中厚层或互层状结构	
		完整性差	薄层状结构	软岩无夹层时，可定 IV 类
		较破碎	碎裂结构	较软岩可定为 IV 类
		破碎	碎块或碎屑状散体结构	

N.0.2 The surrounding rocks preliminary is classified on basis of rock strength，intactness degree of rock mass，structure type of rock mass，and then the relation between rock strike and tunnel axis, hydrogeological conditions shall be regarded as subsidiary foundation, as well should meet the requirements of Table N.0.2.

Table N.0.2 preliminary classification of surrounding rocks

category	rock quality type	intactness degree of rock mass	structure type of rock mass	explanation
I,II	hard rock	intact	massive or hugely thick structure	for solid hard rock, regarded as I; medium hard rock, identified as II
II,III		relative intact	block, sub-block structure	for solid hard rock, regarded as II; medium hard rock, identified as III; for thin layer structure, classified as III
			thick layer or medium thick, thin layer structure with bed (schistosity) bonding firmly	
III,IV			interbedding structure	for the intersection angle between tunnel axis and rock strike less than 30°, regarded as IV
		poor intact	thin layer structure	if rock is uniform, also without soft and weak intercalations, recognized as III
III			interlocked structure	-
IV,V		relative fracture	cataclastic structure	if underground water encountered, identified as V
V		fracture	fragmental or clastic loose structure	-
III,IV	soft rock	intact	massive or hugely thick structure	for softer rock, regarded as III; for soft rock, regarded as IV
IV,V		relative intact	block or sub-block	for softer rock, regarded as IV; for soft rock, regarded as V
			thick layer, medium thick layer or interbedded structure	
		poor intact	thin layer structure	for softer rock without sandwiches, regarded as IV
		relative fracture	cataclastic structure	for softer rock, could be regarded as IV
		fracture	fragmental or clastic loose structure	

N.0.3 岩质类型的确定,应符合表 N.0.3 的规定。

表 N.0.3　岩质类型划分

岩质类型	硬质岩		软质岩		
	坚硬岩	中硬岩	较软岩	软岩	极软岩
天然状态单轴抗压强度 R_b（MPa）	R_b>60	30<R_b≤60	15<R_b≤30	5<R_b≤15	R_b≤5

N.0.3　The rock quality type classification should be met the requirements of Table N.0.3.

Table N.0.3　rock quality class

rock quality type	hard rock		soft rock		
	solid hard rock	medium hard rock	softer rock	soft rock	extreme soft rock
natural uniaxial compressive strengthR_b（MPa）	R_b>60	30<R_b≤60	15<R_b≤30	5<R_b≤15	R_b≤5

N.0.4　岩体完整程度根据结构面组数、结构面间距确定，并应符合表 N.0.4 的规定。

表 N.0.4　岩体完整程度划分

间距（cm）	组数			
	1~2	2~3	3~5	>5 或无序
>100	完整	完整	较完整	较完整
50~100	完整	较完整	较完整	差
30~50	较完整	较完整	差	较破碎
10~30	较完整	差	较破碎	破碎
<10	差	较破碎	破碎	破碎

N.0.4　The intactness degree of rock mass should be defined on sets and space of discontinuities, and meets the requirements of Table N.0.4.

Table N.0.4 intactness degree class of rock mass

space(cm)	set number			
	1~2	2~3	3~5	>5 or disorderly
>100	intact	intact	relative intact	relative intact
50~100	intact	relative intact	relative intact	poor
30~50	relative intact	relative intact	poor	relative fracture
10~30	relative intact	poor	relative fracture	fracture
<10	poor	relative fracture	fracture	fracture

N.0.5 岩体结构类型划分应符合附录 U 的规定。

N.0.5 The structure type of rock mass should meet the requirements of Appendix U.

N.0.6 对深埋洞室,当可能发生岩爆或塑性变形时,围岩类别宜降低一级。

N.0.6 For deep buried tunnels, while rock burst or plastic deformation could be encountered, the grade of surrounding rocks shall be lowered by one level.

N.0.7 围岩工程地质详细分类应以控制围岩稳定的岩石强度、岩体完整程度、结构面状态、地下水和主要结构面产状五项因素之和的总评分为基本判据,围岩强度应力比为限定判据,并应符合表 N.0.7 的规定。

表 N.0.7 地下洞室围岩详细分类

围岩类别	围岩总评分 T	强度应力比 S
I	$T>85$	>4
II	$65<T\leqslant85$	>4
III	$45<T\leqslant65$	>2
IV	$25<T\leqslant45$	>2
V	$T\leqslant25$	—

注:II、III、IV 类围岩,当围岩强度应力比小于本表规定时,围岩类别宜相应降低一级。

N.0.7 For detailed classifications of surrounding rocks the sum ratings of five factors, such as rock strength, intactness degree of rock mass, discontinuity state, underground water and orientation of discontinuity, should regarded as basical criterion, and then ratio of strength and stress of surrounding rocks should be regarded as limited criterion, also meet the requirements of Table N.0.7.

Table N.0.7 detailed classifications of surrounding rocks of underground cavern

class	sum ratings T	ratio of strength and stress S
I	$T>85$	>4
II	$65<T\leqslant 85$	>4
III	$45<T\leqslant 65$	>2
IV	$25<T\leqslant 45$	>2
V	$T\leqslant 25$	—

Note: for type II, III, IV, while ratio of strength and stress of surrounding rocks is less than number in table N.0.7, the grade of surrounding rocks shall be lowered by one level.

N.0.8 围岩强度应力比 S 可根据下式求得：

$$S=\frac{R_b \cdot K_v}{\sigma_m}$$

式中 R_b——岩石饱和单轴抗压强度(MPa)；

K_v——岩体完整性系数；

σ_m——围岩的最大主应力(MPa)，当无实测资料时可以自重应力代替。

N.0.8 The ratio of strength and stress of surrounding rocks is calculated by the following formula:

$$S=\frac{R_b \cdot K_v}{\sigma_m}$$

Where R_b——rock saturated uniaxial compressive strength(MPa);

K_v——intact coefficient of rock mass;

σ_m——maximum principal stress of surrounding rocks(MPa), while no measured information available, the self weight stress could be taken.

N.0.9 围岩详细分类中五项因素的评分应符合下列规定。

N.0.9 The ratings for five factors of the detailed classifications of surrounding rocks should meet the following requirements.

(1)岩石强度的评分应符合表 N.0.9-1 的规定。

表 N.0.9-1 岩石强度评分

岩质类型	硬质岩		软质岩	
	坚硬岩	中硬岩	较软岩	软岩
饱和单轴抗压强度 R_b/MPa	R_b>60	30<R_b≤60	15<R_b≤30	R_b≤15
岩石强度评分 A	20~30	10~20	5~10	0~5

注:①岩石饱和单轴抗压强度大于 100 MPa 时,岩石强度的评分为 30。
②岩石饱和单轴抗压强度小于 5 MPa 时,岩石强度的评分为 0。

(1)The ratings for rock strength should meet the requirements of Table N.0.9-1.

Table N.0.9-1 ratings for rock strength

rock quality type	hard rock		soft rock	
	solid hard rock	medium hard rock	softer rock	soft rock
satured uniaxial compressive strength R_b(MPa)	R_b>60	30<R_b≤60	15<R_b≤30	R_b≤15
ratings A	20~30	10~20	5~10	0~5

Notes:
① while the satured uniaxial compressive strength is more than 100 MPa, ratings for rock strength is 30.
② while the satured uniaxial compressive strength is less than 5 MPa, ratings for rock strength is 0.

(2)岩体完整程度的评分应符合表 N.0.9-2 的规定。

表 N.0.9-2 岩体完整程度评分

岩体完整程度		完整	较完整	完整性差	较破碎	破碎
岩体完整性系数 K_v		K_v>0.75	0.55<K_v≤0.75	0.35<K_v≤0.55	0.15<K_v≤0.35	K_v≤0.15
岩体完整性评分 B	硬质岩	30~40	22~30	14~22	6~14	<6
	软质岩	19~25	14~19	9~14	4~9	≤4

注:①当 30 MPa<R_b≤60 MPa,岩体完整程度与结构面状态评分之和>65 时,按 65 评分。
②当 15 MPa<R_b≤30 MPa,岩体完整程度与结构面状态评分之和>55 时,按 55 评分。
③当 5 MPa<R_b≤15 MPa,岩体完整程度与结构面状态评分之和>40 时,按 40 评分。
④当 R_b≤5 MPa,岩体完整程度与结构面状态不参加评分。

(2)The ratings of rock mass intactness degree should meet the requirements of Table N.0.9-2.

Table N.0.9-2 ratings of rock mass intactness degree

rock mass intact degree		intact	relative intact	poor intact	relative fracture	fracture
rock mass intactness coefficient K_v		$K_v>0.75$	$0.55<K_v\leqslant0.75$	$0.35<K_v\leqslant0.55$	$0.15<K_v\leqslant0.35$	$K_v\leqslant0.15$
ratings of rock mass intactness B	hard rock	30~40	22~30	14~22	6~14	<6
	soft rock	19~25	14~19	9~14	4~9	$\leqslant4$

Notes:

① While 30 MPa$<R_b\leqslant$60 MPa, the sum of ratings of rock mass intactness and discontinuity state are more than 65, ratings is regarded as 65.

② While 15 MPa$<R_b\leqslant$30 MPa, the sum of ratings of rock mass intactness and discontinuity state are more than 55, ratings is regarded as 55.

③ While 5 MPa$<R_b\leqslant$15 MPa, the sum of ratings of rock mass intactness and discontinuity state are more than 40, ratings is regarded as 40.

④ While $R_b\leqslant$5 MPa, the ratings of rock mass intactness and discontinuity state shall not be considered.

（3）结构面状态的评分应符合表 N.0.9-3 的规定。

表 N.0.9-3　结构面状态评分

	宽度 W /mm	$W<0.5$ mm		$0.5\text{ mm}\leqslant W<5.0\text{ mm}$									$W\geqslant5.0$ mm		
结构面状态	充填物	—		无充填			岩屑			泥质			岩屑	泥质	无充填
	起伏粗糙情况	起伏粗糙	平直光滑	起伏粗糙	起伏光滑或平直粗糙	平直光滑	起伏粗糙	起伏光滑或平直粗糙	平直光滑	起伏粗糙	起伏光滑或平直粗糙	平直光滑	—	—	—
结构面状态评分 C	硬质岩	27	21	24	21	15	21	17	12	15	12	9	12	6	0~3
	较软岩	27	21	24	21	15	21	17	12	15	12	9	12	6	
	软岩	18	14	17	14	8	14	11	8	10	8	6	8	4	0~2

注：①结构面的延伸长度小于 3 m 时，硬质岩、较软岩的结构面状态评分另加 3 分，软岩加 2 分；结构面延伸长度大于 10 m 时，硬质岩、较软岩减 3 分，软岩减 2 分。
　②结构面状态最低分为 0。

(3)The ratings for discontinuity state should meet the requirements of Table N.0.9-3.

Table N.0.9-3 ratings for discontinuity state

discontinuity state	width W/mm	$W<0.5$ mm		$0.5\ \text{mm}\leqslant W<5.0$ mm									$W\geqslant 5.0$ mm		
	infilling materials	-		none			debris			mud			debris	mud	none
	undulation and roughness state	undulation and roughness	flat and smooth	undulation and roughness	undulation smooth or flat roughness	flat and smooth	undulation and roughness	undulation smooth or flat roughness	flat and smooth	undulation and roughness	undulation smooth or flat roughness	flat and smooth	-	-	-
ratings for discontinuity state C	hard rock	27	21	24	21	15	21	17	12	15	12	9	12	6	0~3
	softer rock	27	21	24	21	15	21	17	12	15	12	9	12	6	
	soft rock	18	14	17	14	8	14	11	8	10	8	6	8	4	0~2

Notes:

① While the discontinuity length(persistence)is less than 3 m, for hard rock, softer rock, the ratings for discontinuity state shall be plus 3 points, 3 points, and for soft rock, plus 2 points respectively again. While the discontinuity length(persistence)is more than 10 m, for hard rock, softer rock and soft rock, the ratings for discontinuity state shall be minus 3 points, 3 points and 2 points respectively again.

② The minimum ratings for discontinuity state are zero points.

（4）地下水状态的评分应符合表 N.0.9-4 的规定。

表 N.0.9-4　地下水评分

活动状态			渗水到滴水	线状流水	涌水
水量 Q[L/(min·10 m 洞长)]或压力水头 H(m)			$Q\leq25$ 或 $H\leq10$	$25<Q\leq125$ 或 $10<H\leq100$	$Q>125$ 或 $H>100$
基本因素评分 T'	$T'>85$	地下水评分 D	0	-2~0	-6~-2
	$65<T'\leq85$		-2~0	-6~-2	-10~-6
	$45<T'\leq65$		-6~-2	-10~-6	-14~-10
	$25<T'\leq45$		-10~-6	-14~-10	-18~-14
	$T'\leq25$		-14~-10	-18~-14	-20~-18

注：①基本因素评分 T' 是前述岩石强度评分 A、岩体完整性评分 B 和结构面状态评分 C 的和。
②干燥状态取 0 分。

(4) The ratings for underground water state should meet the requirements of Table N.0.9-4.

Table N.0.9-4　ratings for underground water state

active state			water seeping-dripping	linear flowing	gushing
inflow Q[L/(min· tunnel length 10m) or pressured water head H(m)			$Q\leq25$ or $H\leq10$	$25<Q\leq125$ or $10<H\leq100$	$Q>125$ or $H>100$
ratings for basic elements T'	$T'>85$	ratings for underground water D	0	-2~0	-6~-2
	$65<T'\leq85$		-2~0	-6~-2	-10~-6
	$45<T'\leq65$		-6~-2	-10~-6	-14~-10
	$25<T'\leq45$		-10~-6	-14~-10	-18~-14
	$T'\leq25$		-14~-10	-18~-14	-20~-18

Notes:
① The ratings for basic elements T' is total amount of rock strength ratings A, rock mass intactness ratings B and discontinuity state ratings C above-mentioned.
② While the surrounding rocks are dry, the ratings for underground water state should be zero.

（5）主要结构面产状的评分应符合表 N.0.9-5 规定。

表 N.0.9-5　主要结构面产状评分

结构面走向与洞轴线夹角 β		$60° < \beta \leq 90°$				$30° < \beta \leq 60°$				$\beta < 30°$			
结构面倾角 α		$\alpha > 70°$	$45° < \alpha \leq 70°$	$20° < \alpha \leq 45°$	$\alpha \leq 20°$	$\alpha > 70°$	$45° < \alpha \leq 70°$	$20° < \alpha \leq 45°$	$\alpha \leq 20°$	$\alpha > 70°$	$45° < \alpha \leq 70°$	$20° < \alpha \leq 45°$	$\alpha \leq 20°$
结构面产状评分 E	洞顶	0	−2	−5	−10	−2	−5	−10	−12	−5	−10	−12	−12
	边墙	−2	−5	−2	0	−5	−10	−2	0	−10	−12	−5	0

注：按岩体完整程度分级为完整性差、较破碎和破碎的围岩不进行主要结构面产状评分的修正。

（5）The ratings for orientation of major discontinuity should meet the requirements of Table N.0.9-5.

Table N.0.9-5　ratings for orientation of major discontinuity

intersection angle between discontinuity strike and tunnel axis β		$60° < \beta \leq 90°$				$30° < \beta \leq 60°$				$\beta < 30°$			
dip angle of discontinuity α		$\alpha > 70°$	$45° < \alpha \leq 70°$	$20° < \alpha \leq 45°$	$\alpha \leq 20°$	$\alpha > 70°$	$45° < \alpha \leq 70°$	$20° < \alpha \leq 45°$	$\alpha \leq 20°$	$\alpha > 70°$	$45° < \alpha \leq 70°$	$20° < \alpha \leq 45°$	$\alpha \leq 20°$
ratings for orientation of major discontinuity E	roof	0	−2	−5	−10	−2	−5	−10	−12	−5	−10	−12	−12
	side wall	−2	−5	−2	0	−5	−10	−2	0	−10	−12	−5	0

Notes：If the intactness degree of surrounding rocks is classified into poor intact，relative fracture，and fracture，the ratings shall not be revised on major discontinuity orientation.

N.0.10　对过沟段、极高地应力区（>30 MPa）、特殊岩土及喀斯特化岩体的地下洞室围岩稳定性以及地下洞室施工期的临时支护措施需专门研究，对钙（泥）质弱胶结的干燥砂砾石、黄土等土质围岩的稳定性和支护措施需要开展针对性的评价研究。

N.0.10　Special research should be conducted for the stability of the surrounding rocks of underground tunnels in cross-gully sections, extremely high in-situ stress areas (>30 MPa), special rock soils and karstized rock masses, and for temporary support measures during the construction period of underground tunnels. The specific study and evaluation should be performed on stability and supporting measures for calcareous (mud)weakly cemented dry sand gravel and loess tunnel etc.

N.0.11　跨度大于 20 m 的地下洞室围岩的分类除采用本附录的分类外，还宜采用其他有关国家标准综合评定，对国际合作的工程还可采用国际通用的围岩分类进行对比使用。

N.0.11　For underground tunnels with a span greater than 20 m, in addition to adopted the classification of this appendix, the classifications of surrounding rocks should also be comprehensively assessed by other relevant national standards. For international cooperation projects, the international universal classifications of surrounding rocks can also be used and compared with.

附录 F2 《中小型水利水电工程地质勘察规范》（SL 55-2005）（specification of engineering geological investigation for medium-small water conservancy and hydropower development）（SL 55-2005）

水利部湖南省水利水电勘测设计研究总院主编、2005 年 6 月中国水利水电出版社出版的《中小型水利水电工程地质勘察规范》（SL 55-2005）附录 A 围岩工程地质分类如下。

Appendix A an engineering geological classification of surrounding rocks of《specification of engineering geological investigation for medium-small water conservancy and hydropower development》(SL 55-2005), mostly edited by Hunan Provincial water resources and hydropower investigation, design and research general institute of the Ministry of water resources and published in June 2005 by China water resources and hydropower publishing house, is described as follows.

附录 A 围岩工程地质分类(an engineering geological classification of surrounding rocks)

A.0.1 中小型水利水电工程围岩工程地质分类应符合表 A.0.1 的规定。

表 A.0.1 围岩工程地质分类

围岩类别	围岩稳定程度	围岩主要工程地质特征	毛洞自稳能力和变形	支护类型
I	稳定	坚硬岩,新鲜-微风化,层状岩为巨厚层,且层间结合牢固,岩体呈整体-块状结构,强度高、完整,节理裂隙不发育,无不利结构面组合和明显地下水出露	成型好,可长期稳定,偶有掉块,深埋或高应力区可能有岩爆	不支护或随机锚杆
II	基本稳定	坚硬岩,微风化块状或中、厚层状,岩体强度高,较完整,结构面粗糙,层间结合良好,结构面无不稳定组合及软弱夹层,地下水活动轻微,洞线与主要结构面走向夹角大于 30°	基本稳定,围岩整体能维持较长时间稳定,局部可能有掉块,平缓岩层或裂隙顶部易局部坍塌	一般不支护,部分喷混凝土结合锚杆加固,遇平缓岩层拱顶需及时支护
		中硬岩,微风化,岩体呈整体结构或厚层状,岩体较完整,无不利结构面组合,节理裂隙较发育,无软弱夹层,地下水活动轻微,洞线与主要结构面走向夹角大于 45°,岩层倾角大于 45°		
III	局部稳定性差	坚硬岩,薄层状,微风化夹弱风化,无软弱夹层,受构造影响严重,节理裂隙发育,岩体完整性差,裂面有夹泥或泥膜,层间结合差,地下水活动轻微,洞线与主要结构面走向夹角大于 45°,岩层倾角大于 30°	围岩稳定受软弱结构面组合控制,可发生小-中等坍塌,毛洞短时间内可稳定。完整的较软岩,稳定性较好,但强度不足,局部会产生塑性变形或小-中等坍塌,可短期稳定	喷混凝土或喷锚支护,拱顶系统锚杆
		坚硬岩为主,夹中硬岩或较软岩,或呈互层状,微风化夹较多弱风化岩,受构造影响节理裂隙发育,有贯穿性软弱结构面或局部存在不利组合,岩体完整性差,呈块状结构,地下水活动中等,沿裂隙面或软弱结构面有大量滴水或线流,洞线与主要结构面走向夹角大于 45°		
		中硬岩,微风化夹弱风化火成岩、变质岩,中厚层沉积岩,岩体完整性差,节理裂隙发育,有贯穿性软弱结构面,地下水活动中等,沿裂隙面或软弱结构面有大量滴水或线流,洞线与主要结构面走向夹角大于 30°		
		较软岩,微风化,岩性均一,巨厚层状,无软弱夹层,岩体完整,节理裂隙不发育,闭合无充填,无控制性软弱结构面,岩体抗风化能力低,暴露大气和湿水后,强度降低较快,地下水活动轻微,洞线与岩层走向夹角大于 30°		

续表

<table>
<tr><th>围岩类别</th><th>围岩稳定程度</th><th>围岩主要工程地质特征</th><th>毛洞自稳能力和变形</th><th>支护类型</th></tr>
<tr><td rowspan="3">IV</td><td rowspan="3">不稳定</td><td>坚硬岩与软岩互层,弱风化夹强风化,节理裂隙发育,岩体较破碎,层面和其他结构面易构成不稳定块体或存在不利结构面组合,地下水活动强烈,洞线与主要结构面走向夹角及岩层倾角均小于30°</td><td rowspan="3">围岩自稳时间很短,拱顶常有坍塌,边墙也有失稳现象,时间效应明显,可能产生较大的变形破坏,软岩流变显著,可产生较大的塑性变形</td><td rowspan="3">开挖后续及时支护,喷锚挂网,必要时可全部衬砌或设钢拱架,需注意施工期安全</td></tr>
<tr><td>中硬岩,薄层状,弱风化带夹软弱夹层,岩体节理裂隙发育,破碎,局部夹泥,层间结合差,地下水活动中等,洞线与岩层走向夹角及岩层倾角均小于30°</td></tr>
<tr><td>较软岩或软岩,弱风化为主,节理裂隙较发育,层间错动常见,多为软弱面与其他结构面形成不利组合,地下水活动轻微,洞线与岩层走向夹角大于30°</td></tr>
<tr><td rowspan="3">V</td><td rowspan="3">极不稳定</td><td>中硬岩,强风化,岩体破碎,受地质构造影响,节理裂隙很发育,无规则,且张开夹泥,咬合力差,呈不规则碎裂块体状,地下水活动中等,洞线与结构面走向夹角小于30°,倾角平缓</td><td rowspan="3">难以自稳,边墙、拱顶极易坍塌变形,经常是边挖边塌,甚至出现冒顶和地面下陷,变形破坏严重</td><td rowspan="3">成洞条件差,开挖需支护紧跟或超前支护,全断面衬砌</td></tr>
<tr><td>较软岩或软岩,弱风化夹强风化,岩体破碎,受地质构造影响,节理裂隙发育,多张开有泥,有软弱夹层和顺层错动,有大量临空切割体,地下水活动中等-强烈,加速岩体风化和降低结构面抗剪强度,洞线与结构面走向夹角大于30°,岩层倾角小于30°</td></tr>
<tr><td>全风化,多呈松散碎石土状,不均一,散体结构,地下水活动中等-强烈</td></tr>
</table>

A.0.1 The engineering geological classification of surrounding rocks of small and medium-sized water conservancy and hydropower projects shall meet the requirements of Table A.0.1.

Table A.0.1 engineering geological classification of surrounding rocks

type	stability degree	major engineering geological properties of surrounding rocks	raw tunnel self-stability and deformation	support type
I	stable	solid hard rock, fresh-slightly weathered, layered rock is very thick, and the interlayer is firmly bonded; the rock mass has a monolithic(massive)-block structure, high strength and intactness, joints and fissures are not developed, no unfavorable structural plane combination and obvious groundwater emergence	it is well tunneled and can be stable for a long time, sometimes it falls off quickly, and there may be rock bursts in deep buried or high stress areas	no support or random bolts
II	basic stable	solid hard rock, slightly weathered blocky or medium-thick layered, rock mass with high strength and relative intact, rough structural surface, good interlayer bonding, no unstable combination of structural surfaces and weak interlayers; slight groundwater activity; the intersection angle between tunnel axis and main structure strike is greater than 30°	basically stable, the surrounding rock can remain stable for a relative long time as a whole, and it may fall in some parts, and the roof of the gentle rock layer or cracks may collapse locally	generally, it is not supported, part is reinforced with shotcrete and anchor rods, in case of flat rock formations, the arch roof needs to be supported in time
		medium-hard rock, slightly weathered, the rock mass is in massive structure or thick-layered; the rock mass is relatively intact, there is no unfavorable structural plane combination, the joints and fissures are relatively developed, there is no weak interlayer; the groundwater activity is slight; the intersection angle between tunnel axis and main structure strike is greater than 45°, the inclination of the rock formation is greater than 45°		

续表

type	stability degree	major engineering geological properties of surrounding rocks	raw tunnel self-stability and deformation	support type
III	poor stability locally	solid hard rock, thin-layered, slightly weathered with moderately weathering; no weak interlayer, severely affected by structures, well-developed joints and fissures; poor intactness of the rock mass, mud or mud film on the fissure surface, poor interlayer bonding; slight groundwater activity; the intersection angle between the tunnel axis and the strike of the main structural plane is greater than 45°, and the dip angle of the rock formation is greater than 30°	the stability of the surrounding rocks is controlled by the combination of weak structural planes, and small to moderate collapse may occur, and the raw tunnels can be stabilized in a short time. the intact softer rock has relative good stability, but the strength is insufficient, and local plastic deformation or small to medium collapse could occur, which can be stable in the short term	shotcrete or shotcrete anchor support, anchor rods systematically for arch roof
		mainly solid hard rock, interbedded with medium hard rock or softer rock, or interbedded; slightly weathered with more moderately weathered rock; affected by the structures, joints and fissures are developed, there are penetrative weak structural planes or local unfavorable combination, rock mass poor integrity, block structure; moderate groundwater activity, a large amount of dripping or linear flow along the fracture surface or weak structural surface could occur; in addition, the intersection angle between the tunnel axis and the main structural plane is greater than 45°		
		medium-hard rock, slightly weathered interspersed with moderately weathered igneous rock, metamorphic rock, medium-thick sedimentary rock; poor rock integrity, well-developed joints and fissures, penetrative weak structural planes could occur; moderate groundwater activity, and a large amount of dripping or linear flow along the fissure planes or weak structural planes can occur; the intersection angle between the tunnel axis and the direction of the main structural plane is greater than 30°		
		softer rock, slightly weathered, uniform lithology, very thick layered; no weak interlayer, intact rock mass, undeveloped joints and fissures, closed and unfilled, no controllable weak structural planes; low weathering resistance of the rock mass; exposed to the atmosphere and after the wet water, the strength decreases rapidly; the groundwater activity is slight; the intersection angle between the tunnel axis and the strata strike is greater than 30°		

续表

type	stability degree	major engineering geological properties of surrounding rocks	raw tunnel self-stability and deformation	support type
IV	unstable	solid hard rock and soft rock are interbedded, moderately weathering with highly weathering; joints and fissures are developed, rock mass is relatively broken, layers and other structural planes are easy to form unstable block body or unfavorable structural plane combinations encountered; groundwater activities are intensively; the intersection angle between the tunnel axis and the strike of the main structural plane, and the rock dip angle are totally less than 30°	the self-stabilization time of the surrounding rocks is very short, the arch roof often collapses, and the side wall is also unstable. the time effect is obvious, large deformation and failure may occur, and the soft rock has significant rheological phenomenon and can produce large plastic deformation	after excavation, timely support, shotcrete-bolting-mesh adopted, all linings or steel arches can be installed if necessary, and safety during the construction period shall be paid attention to
		medium-hard rock, thin-layered, moderately weathered zone with weak interlayer; joints and fissures are developed, rock mass is broken, local mud intercalation, poor interlayer bonding; moderate groundwater activity; the intersection angle between the tunnel axis and the strata strike, and the strata dip are totally less than 30°		
		softer rocks or soft rocks are mainly moderately weathered; joints and fissures are more developed, interlayer dislocation is common, mostly weak surfaces and other structural surfaces form unfavorable combinations; groundwater activity is slight; and the intersection angle between the tunnel axis and the strata strike is greater than 30°		

续表

<table>
<tr><th>type</th><th>stability degree</th><th>major engineering geological properties of surrounding rocks</th><th>raw tunnel self-stability and deformation</th><th>support type</th></tr>
<tr><td rowspan="3">V</td><td rowspan="3">extremely unstable</td><td>medium-hard rock, highly weathering; broken rock mass; affected by geological structure, joints and fissures are very developed, irregular, and open, with mud, with poor binding force, irregularly fragmented blocks; moderate groundwater activity; the intersection angle between tunnel axis and structural plane strike is less than 30°, and the rock inclination angle is gentle</td><td rowspan="3">it is difficult to stabilize itself, side walls and arch roofs are easily collapsed and deformed, even cave-in and ground subsidence maybe occur to cause serious deformation and failure</td><td rowspan="3">the conditions for tunneling are poor, and the excavation needs to be supported closely or in advance, and the full-section lining is required</td></tr>
<tr><td>softer rock or soft rock, moderately weathering with highly weathering; rock mass is broken, affected by geological structure, joints and fissures are developed, most opening with mud, there are weak interlayers and bedding dislocations, and are a large number of free intersecting bodies; groundwater activities are moderate-strong to accelerate the weathering of the rock mass and reduce the shear strength of the structural plane. the intersection angle between the tunnel axis and the strike of the structural plane is greater than 30°, and the rock inclination is less than 30°</td></tr>
<tr><td>it is completely weathered, mostly in the form of loose rock fragments with soil, and heterogeneous loose structure, with moderate to strong groundwater activity</td></tr>
</table>

A.0.2　围岩工程地质分类中有关岩石强度、层状岩石单层厚度、岩体完整程度、节理裂隙发育程度及地下水活动程度的划分应符合下列规定。

A.0.2　In the engineering geological classification of surrounding rocks, the classification of rock strength, layered rock thickness, rock integrity, joint fissure development degree and groundwater activity degree shall meet the following requirements.

(1)岩石强度的划分应符合表 A.0.2-1 的规定。

表 A.0.2-1　岩质分类与岩石强度分级

岩质分类	岩石强度分级	单轴饱和抗压强度 R_b（MPa）	岩体纵波波速值 V_p（km/s）	点荷载强度 I_s（MPa）	岩体回弹仪测试值 r
硬质岩	坚硬岩	$R_b<60$	$V_p>5$	$I_s>8$	$r>60$
	中硬岩	$30<R_b\leqslant 60$	$4<V_p\leqslant 5$	$4<I_s\leqslant 8$	$35<r\leqslant 60$

续表

岩质分类	岩石强度分级	单轴饱和抗压强度 R_b（MPa）	岩体纵波波速值 V_p（km/s）	点荷载强度 I_s（MPa）	岩体回弹仪测试值 r
软质岩	较软岩	$15<R_b\leq 30$	$3<V_p\leq 4$	$1<I_s\leq 4$	$20<r\leq 35$
	软岩	$5<R_b\leq 15$	$2<V_p\leq 3$	$I_s\leq 1$	$r\leq 20$

（1）The classification of rock strength should meet the requirements of Table A.0.2-1.

Table A.0.2-1 classification of rock quality and rock strength

rock quality class	rock strength class	uniaxial saturated compressive strength R_b（MPa）	longitudinal wave velocity of rock mass V_p（km/s）	point load strength I_s（MPa）	test value of rock mass of rebound hammer r
hard rock	solid hard rock	$R_b<60$	$V_p>5$	$I_s>8$	$r>60$
	medium hard rock	$30<R_b\leq 60$	$4<V_p\leq 5$	$4<I_s\leq 8$	$35<r\leq 60$
soft rock	softer rock	$15<R_b\leq 30$	$3<V_p\leq 4$	$1<I_s\leq 4$	$20<r\leq 35$
	soft rock	$5<R_b\leq 15$	$2<V_p\leq 3$	$I_s\leq 1$	$r\leq 20$

（2）层状岩石单层厚度的划分应符合表 A.0.2-2 的规定。

表 A.0.2-2 层状岩石单层厚度分级

层状岩石分级	单层厚度 h（cm）	层状岩石分级	单层厚度 h（cm）
巨厚层	$h\geq 100$	薄层	$5\leq h<20$
厚层	$50\leq h<100$	极薄层	$h<5$
中厚层	$20\leq h<50$		

（2）The classification of single layer thickness for layered rock should meet the requirements of Table A.0.2-2.

Table A.0.2-2 classification of rock single layer thickness for layered rock

layered rook class	single layer thickness h(cm)	layered rook class	single layer thickness h(cm)
extremely very thick layer	$h \geqslant 100$	thin layer	$5 \leqslant h < 20$
thick layer	$50 \leqslant h < 100$	extremely thin layer	$h < 5$
medium thick layer	$20 \leqslant h < 50$		

（3）岩体完整程度的划分应符合表 A.0.2-3 的规定。

表 A.0.2-3 岩体完整程度分级

岩体完整程度	完整	较完整	完整性差	较破碎	破碎
岩体完整性系数 K_V	$K_V > 0.75$	$0.55 < K_V \leqslant 0.75$	$0.35 < K_V \leqslant 0.55$	$0.15 < K_V \leqslant 0.35$	$K_V \leqslant 0.15$

（3）The classification of rock integrity degree should meet the requirements of Table A.0.2-3.

Table A.0.2-3 classification of rock integrity degree

integrity degree of rock mass	intact	relative intact	poor intact	relative fracture	fracture
integrity coefficient of rock mass K_V	$K_V > 0.75$	$0.55 < K_V \leqslant 0.75$	$0.35 < K_V \leqslant 0.55$	$0.15 < K_V \leqslant 0.35$	$K_V \leqslant 0.15$

（4）节理裂隙发育程度的划分应符合表 A.0.2-4 的规定。

表 A.0.2-4 节理裂隙发育程度分级

节理裂隙发育程度	节理间距 d(m)	节理特征
不发育	$d \geqslant 2$	规则裂隙少于 2 组，延伸长度小于 3 m，多闭合，无充填
较发育	$0.5 \leqslant d < 2.0$	规则裂隙 2~3 组，一般延伸长度小于 10 m，多闭合，无充填，或有少量方解石脉或岩屑充填
发育	$0.1 \leqslant d < 0.5$	一般规则裂隙多于 3 组，延伸长度不均，多超过 10 m，多张开、夹泥
很发育	$d < 0.1$	一般规则裂隙多于 3 组，并有很多不规则裂隙，杂乱无序，多张开、夹泥，并有延伸较长的大裂隙

（4）The classification of joint and fissure development degree should meet the requirements of Table A.0.2-4.

表 A.0.2-4　class ification of joint and fissure development degree

joint and fissure development degree	space d(m)	characters of joint
development little	$d \geq 2$	regular fissures less than 2 sets, persistence length less than 3 m, mostly closed, no filling
relative development	$0.5 \leq d < 2.0$	2~3 sets of regular fissures, generally persistence length less than 10 m, mostly closed, no filling, or a small amount of calcite veins or rock debris
development	$0.1 \leq d < 0.5$	generally, there are more than 3 sets of regular cracks, the persistence length is uneven, most more than 10 m, and most opening, with mud
very development	$d < 0.1$	generally, there are more than 3 sets of regular fissures, and most are irregular fissures, chaotic and disorderly, many open, with mud, and large fissures with longer persistence could occur

(5)地下水活动程度的划分应符合表 A.0.2-5 的规定。

表 A.0.2-5　地下水活动程度分级

地下水活动程度	地下水活动状态
无	洞室位于地下水位以上,施工时岩壁干燥或局部潮湿
轻微	洞室临近地下水位,施工时沿岩体结构面有渗水或滴水
中等	洞室位于地下水位以下,外水压力水头小于 10 m,岩体透水性和富水性较差,施工时沿裂隙破碎结构面有大量滴水或线状流水
较强烈	外水压力水头 10~100 m,岩体透水性和富水性较好,施工时岩溶裂隙管道、断层破碎带向斜蓄水构造有线状流水或大量突水
强烈	外水压力水头大于 100 m,施工时沿岩溶管道、大断层破碎带大量涌水

(5)The classification of groundwater activity degree should meet the requirements of Table A.0.2-5.

Table A.0.2-5　classification of groundwater activity degree

groundwater activity degree	groundwater activity state
no	the tunnel is above the groundwater level, and the rock wall is dry or partially wet during construction

续表

groundwater activity degree	groundwater activity state
slight	the tunnel is close to the groundwater level, and there is water seepage or dripping along the structural surface of the rock mass during construction
moderate	the tunnel is located below the groundwater level, the external water pressure head is less than 10 m, the rock mass permeability and water richness are poor, and there is a large amount of dripping or linear flow water along the fissures and fractured structure surfaces during construction
relative intensely	the external water pressure head is 10~100 m, and the rock mass has good water permeability and water richness. during construction, there is a large amount of linear flow water or water inrush along the karst fissure pipeline, fault fracture zone and syncline water storage structure
intensely	the external water pressure head is greater than 100 m, and a large amount of water gushes along karst pipelines and large fault fracture zones during construction

A.0.3　各类围岩主要物理力学指标参数可按表 A.0.3 选用。

表 A.0.3　各类围岩主要物理力学指标参数

围岩类别	密度 γ/（g/cm^3）	内摩擦角 ϕ /°	凝聚力 C /MPa	变形模量 E /GPa	泊松比 μ	单位弹性抗力系数 K_0/（MPa/m）	
						有压洞	无压洞
I	$\gamma \geqslant 2.7$	$\phi > 45$	$C > 3.5$	$E > 20.0$	$\mu < 0.17$	$100 < K_0 \leqslant 200$	$20 < K_0 \leqslant 50$
II	$2.5 \leqslant \gamma < 2.7$	$40 < \phi \leqslant 45$	$1.7 < C \leqslant 3.5$	$10.0 < E \leqslant 20.0$	$0.17 \leqslant \mu < 0.23$	$50 < K_0 \leqslant 100$	$15 < K_0 \leqslant 20$
III	$2.3 \leqslant \gamma < 2.5$	$35 < \phi \leqslant 40$	$0.4 < C \leqslant 1.7$	$5.0 < E \leqslant 10.0$	$0.23 \leqslant \mu < 0.29$	$20 < K_0 \leqslant 50$	$5 < K_0 \leqslant 15$
IV	$2.1 \leqslant \gamma < 2.3$	$30 < \phi \leqslant 35$	$0.1 < C \leqslant 0.4$	$0.5 < E \leqslant 5.0$	$0.29 \leqslant \mu < 0.35$	$5 < K_0 \leqslant 20$	$1 < K_0 \leqslant 5$
V	$\gamma < 2.1$	$\phi \leqslant 30$	$C \leqslant 0.1$	$E \leqslant 0.5$	$\mu \geqslant 0.35$	$K_0 \leqslant 5$	$K_0 \leqslant 1$

A.0.3　Major physical and mechanics properties parameters of each surrounding rocks refers to Table A.0.3.

Table A.0.3　major physical and mechanics properties parameters of each surrounding rocks

class	density γ/ （g/cm^3）	inner friction angle ϕ/°	cohesion C/MPa	deformation modulus E/GPa	Poisson's ratio μ	unit elastic resistance coefficient K_0/（MPa/m）	
						pressured	no pressured
I	$\gamma \geqslant 2.7$	$\phi > 45$	$C > 3.5$	$E > 20.0$	$\mu < 0.17$	$100 < K_0 \leqslant 200$	$20 < K_0 \leqslant 50$
II	$2.5 \leqslant \gamma < 2.7$	$40 < \phi \leqslant 45$	$1.7 < C \leqslant 3.5$	$10.0 < E \leqslant 20.0$	$0.17 \leqslant \mu < 0.23$	$50 < K_0 \leqslant 100$	$15 < K_0 \leqslant 20$

续表

class	density γ/ (g/cm^3)	inner friction angle ϕ /°	cohesion C/MPa	deformation modulus E/GPa	Poisson's ratio μ	unit elastic resistance coefficient K_0/(MPa/m)	
						pressured	no pressured
III	$2.3\leqslant\gamma<2.5$	$35<\phi\leqslant40$	$0.4<C\leqslant1.7$	$5.0<E\leqslant10.0$	$0.23\leqslant\mu<0.29$	$20<K_0\leqslant50$	$5<K_0\leqslant15$
IV	$2.1\leqslant\gamma<2.3$	$30<\phi\leqslant35$	$0.1<C\leqslant0.4$	$0.5<E\leqslant5.0$	$0.29\leqslant\mu<0.35$	$5<K_0\leqslant20$	$1<K_0\leqslant5$
V	$\gamma<2.1$	$\phi\leqslant30$	$C\leqslant0.1$	$E\leqslant0.5$	$\mu\geqslant0.35$	$K_0\leqslant5$	$K_0\leqslant1$

A.0.4 本围岩工程地质分类适用于中小型水利水电工程直径小于 5 m 的洞室，不适用于高地应力区、山体不稳定区、埋深小于 2 倍洞径的地下洞室和土质洞室。直径大于 5 m 的洞室可按 GB 50287 执行。

A.0.4 This engineering geological classification of surrounding rocks is applicable to tunnels with a diameter of less than 5 m of small and medium-sized water conservancy and hydropower projects, and not applicable to high ground stress areas, unstable mountainous areas, underground tunnels with buried depth less than 2 times diameter of the tunnel and soil tunnels. Tunnels with a diameter greater than 5 m can be implemented in accordance with GB 50287.

附录 G 国内部分规范名称(partial Chinese specifications name)

附录 G1 国家标准(national standards)

(1)《水力发电工程地质勘察规范》(GB 50287-2016)《Code for hydropower engineering geological investigation》(GB 50287-2016)。

(2)《水利水电工程地质勘察规范》(GB 50487-2008)《Code for engineering geological investigation of water resources and hydropower》(GB 50487-2008)。

(3)《岩土工程勘察规范》(2009 年版)(GB 50021-2001)《Code for investigation of geotechnical engineering》(version 2009)(GB 50021-2001)。

(4)《土的工程分类标准》(GB/T 50145-2007)《Standard for engineering classification of soil》(GB/T 50145-2007)。

（5）《中国地震动参数区划图》（GB 18306-2015）《Seismic ground motion parameters zonation map of China》（GB 18306-2015）。

（6）《工程岩体分级标准》（GB 50218-2014）《Standard for engineering classification of rock mass》（GB 50218-2014）。

（7）《土工试验方法标准》（GB/T 50123-2019）《Standard for geotechnical testing method》（GB/T 50123-2019）。

（8）《工程测量标准》（GB 50026-2020）《Standard for engineering surveying》（GB 50026-2020）。

附录 G2　水电标准（hydropower standards）

（1）《中小型水力发电工程地质勘察规范》（NB/T 10336-2019）《Code for engineering geological investigation of medium and small hydropower projects》（NB/T 10336-2019）。

（2）《水电工程天然建筑材料勘察规程》（NB/T 10235-2019）《Specification for investigation of natural construction materials for hydropower projects》（NB/T 10235-2019）。

（3）《水电工程地质测绘规程》（NB/T 10074-2018）《Specification for engineering geological mapping of hydropower projects》（NB/T 10074-2018）。

（4）《水电工程测量规范》（NB/T 35029-2014）《Code for engineering surveying of hydropower projects》（NB/T 35029-2014）。

（5）《水电工程钻探规程》（NB/T 35115-2018）《Specification for drilling exploration of hydropower projects》（NB/T 35115-2018）。

（6）《水电工程钻孔压水试验规程》（NB/T 35113-2018）《Specification for water pressure test in borehole of hydropower projects》（NB/T 35113-2018）。

（7）《水电工程物探规范》（NB/T 10227-2019）《Code for geophysical exploration of hydropower projects》（NB/T 10227-2019）。

（8）《水电工程预可行性研究报告编制规程》（NB/T 10337-2019）《Specification for preparation of pre-feasibility study report for hydropower projects》（NB/T 10337-2019）。

附录 G3　水利标准（water conservancy standards）

（1）《引调水线路工程地质勘察规范》（SL 629-2014）《Code for engineering geological investigation of water diversion route》（SL 629-2014）。

（2）《堤防工程地质勘察规程》（SL 188–2005）《Code of geological investigation for levee project》（SL 188-2005）。

（3）《中小型水利水电工程地质勘察规范》（SL 55–2005）《Specification of engineering geological investigation for medium-small water conservancy and hydropower development》（SL 55-2005）。

（4）《水利水电工程地质测绘规程》（SL/T 299–2020）《Code of geological mapping of water and hydropower projects》（SL/T 299-2020）。

（5）《水利水电工程天然建筑材料勘察规程》（SL 251–2015）《Code for investigation of natural building material for water resources and hydropower project》（SL 251-2015）。

（6）《水利水电工程钻探规程》（SL/T 291–2020）《Code of drilling for water and hydropower projects》（SL 291-2020）。

（7）《水利水电工程物探规程》（SL 326–2005）《Code for engineering geophysical exploration of water resources and hydropower》（SL 326-2005）。

（8）《水利水电工程测量规范》（SL 197–2013）《Code for surveying of water resources and hydropower engineering》（SL 197-2013）。

（9）《水利水电工程钻孔压水试验规程》（SL 31–2003）《Code of water pressure test in borehole for water resources and hydropower engineering》（SL 31-2003）。

（10）《水利水电工程钻孔抽水试验规程》（SL 320–2005）《Code of pumping test in borehole for water resources and hydropower engineering》（SL 320-2005）。

（11）《水利水电工程施工地质规程》（SL/T 313–2021）《Geological code for construction period of water and hydropower projects》（SL/T 313-2021）。

（12）《水利水电工程坑探规程》（SL 166–2010）《Specification for exploratory adits, shafts and trenches of water conservancy and hydroelectric projects》（SL 166-2010）。

（13）《水利水电工程岩石试验规程》（SL/T 264–2020）《Code for rock tests in water and hydropower projects》（SL/T 264-2020）。

（14）《水闸与泵站工程地质勘察规范》（SL 704–2015）《Specifications for geological survey of sluices and pumping stations》（SL 704-2015）。

参考文献(references)

[1] 成都地质学院等. 工程地质术语: GB/T 14498-93 [S]. 北京:中国标准出版社, 1994.

[2] 中国地质大学等. 钻探工程名词术语: GB 9151-1988 [S]. 北京:中国标准出版社,1989.

[3] 中华人民共和国地质矿产部岩溶地质研究所. 岩溶地质术语: GB 12329-1990 [S]. 北京:中国标准出版社,1991.

[4] 中华人民共和国水利部. 岩土工程基本术语标准:GB/T 50279-2014 [S]. 北京:中国计划出版社,2015.

[5] 中华人民共和国地质矿产部地质环境管理司,等. 水文地质术语: GB/T 14157-1993 [S]. 北京:中国标准出版社,1993.

[6] 中国建筑科学研究院. 工程抗震术语标准: JGJ/T 97-2011 [S]. 北京:中国建筑工业出版社,2011.

[7] 水利部水利水电规划设计总院. 水利水电工程技术术语: SL 26-2012 [S]. 北京:中国水利水电出版社,2012.

[8] 中国有色金属工业协会. 工程测量基本术语标准:GB/T 50228-2011 [S]. 北京:中国计划出版社,2012.

[9] 英汉地质词典编辑组. 英汉地质词典[M]. 北京:地质出版社,1993.

[10] 张泽祯. 英汉水利水电技术词典[M]. 北京:水利电力出版社,1990.

[11] 魏中明. 汉英水利水电技术词典[M]. 北京:水利电力出版社,1993.

[12] 洪庆余. 现代英汉水利水电科技词典[M]. 武汉:武汉出版社,1990.

[13] 中水东北勘测设计研究有限责任公司. 水工建筑物地下开挖工程施工规范: SL 378-2007[S]. 北京:中国水利水电出版社,2008.

[14] 中华人民共和国水利部. 水利水电工程地质勘察规范: GB 50487-2008 [S]. 北

京:中国计划出版社,2009.

[15] 水利部湖南省水利水电勘测设计研究总院. 中小型水利水电工程地质勘察规范:SL 55-2005 [S]. 北京:中国水利水电出版社,2005.

[16] 中水东北勘测设计研究有限责任公司. 水利水电工程钻探规程: SL/T 291-2020 [S]. 北京:中国水利水电出版社,2021.

[17] 陈德基. 中国水利百科全书 水利工程勘测分册[M]. 北京:中国水利水电出版社,2004.

[18] 索丽生,刘宁. 水工设计手册 第 2 卷[M]. 2 版. 北京:中国水利电力出版社,2014.

[19] 成都地质学院岩石教研室. 岩石学简明教程[M]. 北京:地质出版社,1979.

[20] 水利电力部水利水电规划设计院. 水利水电工程地质手册[M]. 北京:水利电力出版社,1985.

[21] 常士骠,张苏民. 工程地质手册[M]. 4 版. 北京:中国建筑工业出版社,2007.

[22] 霍克. 实用岩石工程技术[M]. 刘丰收,崔志芳,王学潮,等译. 郑州:黄河水利出版社,2002.